储能科学与技术丛书

大规模锂电池储能系统设计分析

Design and Analysis of Large Lithium-Ion Battery Systems

［美］

施莱姆·桑塔那戈帕兰 （Shriram Santhanagopalan）
坎德·史密斯 （Kandler Smith）
杰里米·纽鲍尔 （Jeremy Neubauer）
金吉贤 （Gi-Heon Kim）
马修斯·凯泽 （Matthew Keyser）
艾哈迈德·佩萨兰 （Ahmad Pesaran）

著

李建林　牛　萌　许德智　孟高军
王剑波　陈　光　袁晓冬　谢志佳　译
饶宇飞　王　力　王　楠　王　含

机械工业出版社

锂离子电池因具有高能量密度、长循环寿命、低成本价格、环保无污染等特点，在便携式电子设备、电动汽车、航空航天等领域中成为重要支撑环节，目前已从小容量应用扩展到成组系统应用。

本书内容包括电池类型、电性能、热性能、寿命、安全性、应用、系统设计、结论共 8 章，既理论又实践地介绍了电池的基本机理、结构、设计以及应用场景，全面地描述了电池的性能、设计方法、仿真及应用，涉及电池多层面实验、不同形式的建模以及实际应用中的相关要求、流程和标准。针对不同应用场景，书中还给出了设计应用实例。

本书的目的是提供锂离子电池领域的基本知识，以期为对该领域有兴趣的技术人员、研究工作者、工程师、学生和其他专业人员提供广泛参考。

译者的话

近年来，在世界各国政府大力支持下，以锂离子电池为首的电化学电池技术受电力储能、电动汽车等新型应用需求的带动，市场规模以可观的增长率逐步提高，锂离子电池的制造安全性及成组应用设计受到越来越多的关注。因此，研究锂离子电池的电热性能、安全性影响、不同场景下系统设计的解决方案以及相关标准规范具有重要意义。

本书立足于锂离子电池制造与系统设计的关键环节，对电池的原理、电气特性、热管理、安全性等进行深入解析，为电池管理系统的优化设计提供思路。建立了电池寿命的衰减模型，并进行了测试实验，研究了锂离子电池的安全性影响因素及评估技术。介绍了不同场景下的系统设计案例，为锂离子电池的设计与应用提供了丰富、系统的电池工程科学技术知识，希望能为探究电池原理、推动锂离子电池的产业发展提供建议。译者深信，本书将对锂离子电池相关领域的商品化开发具有重要的实用价值。

全书的翻译工作主要由北方工业大学、中国电力科学研究院储能技术团队合作完成，并得到了江南大学、南京工程学院等院校的关注与支持。参与翻译工作的主要有李建林、牛萌、许德智、孟高军、王剑波等，亦承国网江苏省电力有限公司教授级高工袁晓冬、机械工业出版社付承桂编审等对有关译文内容的斧正，为此致以衷心的谢意。

本书在翻译过程中，得到了北京市自然科学基金项目(21JC0026)、江苏省配电网智能技术与装备协同创新中心开放基金项目（XTCX202101）的支持，与项目研究的内容及成果相互验证，在此对项目的支持也表示感谢！

本书的公式表达、图形及文字符号均遵照原书，未有修改。

因译者水平有限，译文难免存在错误与不妥之处，欢迎广大读者不吝指正。

译　者

原书前言

由于电化学家、材料学家以及负责电池开发的机电工程师之间缺乏跨学科的沟通，致使电池的发展受到了限制。直到最近，不论是作为手机、笔记本电脑的独立电池还是作为电动工具和其他消费电子产品中的微型电池模块，锂离子电池在小型系统中都得到了广泛应用。在过去十年中，电池市场显著扩大，其中包括所含容量是传统小型电池数千倍的应用。电网和汽车应用仅仅是其中两个主要方面，它们将推动储能向更远的未来发展。

本书作为介绍性书籍，提供了对电池工程多方面深刻的理解。对系统工程师而言，本书揭开了电化学的神秘面纱；对电化学家而言，本书介绍了发展电池系统时所必须解决的问题，其中包括如何开发基于模型的设计和如何开发控制平台两个方面；对分析人员而言，本书能使其快速了解锂离子电池的基础知识及在部署中所面临的挑战。

本书介绍了不同类型的电池以及锂离子电池的适用范围；电化学的基本原理，讲述了选择制造锂离子电池材料时必须遵守的标准以及相关约束条件；锂离子电池的热管理系统的设计，从单节电池中的发热到多节电池模块中的冷却通道的设计；详细介绍了电池寿命预测方法的研究现状；将成熟的电池系统发展到更大规模时所面临的安全挑战；概述了锂离子电池广泛的应用，并列举了具体的工程实例，例如在汽车应用中的大容量锂离子电池的技术经济评估和电网存储应用的系统设计。

本书适合不同教育背景的读者，能够使其在几周时间内快速了解电池工程，并在工作过程中不再把电池当作一个"黑匣子"来处理。本书每一章都是基于作者在本学科中积累的多年研究经验，以一种实践的方法提供相关的内容、必要的理论背景、实验工具和实例。本书介绍了一些预测电池寿命的新方法及其在设计优化、保修评估、系统控制及其他分析中的实际应用。关于电池安全的章节特别强调了大容量电池的设计。有关热管理及其应用的章节则提供了详细的案例，以便读者掌握设计计算。本书包含了对汽车电池和电网储能在系统级分析的详细实例研究，使读者能够对各种实际应用进行技术经济分析。希望读者能够像我们最初研究这个课题时一样享受对它的概括性介绍以及测试中的细微差别和实际的案例研究。

对于在美国国家可再生能源实验室（NREL）进行的相关工作，我们要感谢美国能源部能源效率和可再生能源（EERE）部门的车辆技术办公室提供的支持。特别感谢我们的项目经理 David Howell、Tien Duong 和 Brian Cunningham。在过去三十年中，NREL 的管理层，特别是 Barb Goodman 不断的支持和我们的前实验室项目经理 Terry Penney 不断的鼓励是完成诸多项目的关键因素。我们要感谢美国先进电池联盟（USABC）技术咨询委员会的成员和与我们一起工作的诸多储能开发人员，他们提供了电池样品，分享了技术见解和行业需求。要感激的同事们（现在和以前的）有：Marissa Rusnek、Jeff Gonder、Tony Markel、Aaron Brooker、Mike Simpson、Rob Farrington、Mark Mihalic、John Ireland、Dirk Long、Jon Cosgrove、Myungsoo Jun、Aron Saxon、Ying Shi、Eric Wood 和 Chuanbo Yang——这名单很长，我们感激不尽。团队不遗余力的支持在很大程度上使我们紧密团结在一起。在这本书的编写过程中，我们的家人、老师、导师和朋友给予我们的支持是一份真挚的礼物，我们万分感谢。

最后也是最重要的，我们要感谢家人的支持：Matthew 将这本书献给他亲爱的妻子 Liz，她的支持和帮助让他发挥得更好。Gi-Heon 感激 Sivan、Soyan 和 Soyi 的支持。Ahmad 把这本书题献给他的妻子 Nahid。Jeremy 把这本书献给他贤惠的妻子 Anne，正是因为她不懈的坚持和始终如一的耐心使这项工作的完成成为可能。Kandler 将这本书献给他的妻子 Jessica 以及他的父母和孩子，感谢他们对电池工程师的爱与支持。Shriram 感谢 Priya 在整个过程中对他的帮助，也感谢父母的无限鼓励。没有你们所有人的支持，本书是不可能完成的！

目 录

第 1 章

电 池 类 型

电池是一种以化学形式存储能量、以电形式释放（吸收）能量的装置。电池有两种主要类型：①一次电池，放电后不能再充电使其重复使用的电池；②二次电池，它可以在设备使用寿命结束之前多次循环使用（放电和充电）。本书只讨论后者。

在二次电池中，无论是化学能转化为电能，还是电能转化为化学能，都是通过得到电子（还原）或失去电子（氧化）来实现。这些反应通常被称为氧化还原反应，并且反应发生在正电极和负电极上。电池中的术语"阳极"指的是负电极；术语"阴极"指的是正电极。电池的电压定义为阴极和阳极的电压之差$^\ominus$。值得注意的是，电极既是能量转换的场所，又是能量储存的场所。电解质使离子在电极之间流动，是整个过程中必不可少的一部分；同时防止电子在电极之间流动，电子流通过电流器引向到电池外部。根据前文所述，电极必须是良好的离子和电子的导体。通常，在电极之间放置多孔的电子绝缘隔膜，以保持它们的物理隔离。图 1.1 说明了这种典型的结构以及电池的基本运行机制。尽管有许多不同类型的电池，包括不同的电池组件（如电极、载流子和电解质），以及有在相同操作基础上作用的结构，但是在本书的许多章节中，锂离子（Li-ion）电池被强调为二次电池的代表实例。这些原理与参加氧化还原反应的燃料电池的原理相似。然而，燃料电池最典型的特点是在外部燃料和氧化剂中储存能量。传输离子不断经过电极，但是这里的电极仅用于能量转换和电荷转移。

电化学电容器（通常称为超级电容器）也类似于电池，根据其电荷储存机理可分为两类：双电层电容器使用碳电极储存静电电荷；而准电容器是通过金属氧化物的法拉第氧化还原反应储存电荷。后者通常比前者具有更强的储能能力，尽管两者的容量都比电池小得多，但在功率容量上却比电池大很多。

$\ominus$ 这个术语与广泛使用如关于电化学合成或电镀的经典文献中术语相反。鉴于这种混淆，读者在解释这些术语时应当谨慎。

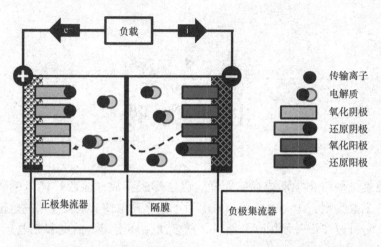

图 1.1　放电期间的广义氧化还原电池［当带电荷的离子带正电荷时，
电解质从阳极流向阴极（从右到左）穿过隔膜］

图中标注：负载　e⁻　i　+　−　传输离子　电解质　氧化阴极　还原阴极　氧化阳极　还原阳极　正极集流器　隔膜　负极集流器

一般来说，电池最适合于续航时间在 10min～10h 的应用系统。如果是更短的续航时间，电池高倍率传输能量的能力会受到限制，而使用电容器或飞轮等其他方案将更加适用。对于更长的续航时间，电池通常与大型储能（大于 1MWh）相关联，电池安装的成本和体积成为一个必须考虑的问题。然而，对任何给定的应用场景进行电池优化都需要考虑许多变量，而且性能会因化学电池的不同而有很大的差异，所以这些只是一个粗略的参考。

电池有许多不同的用途。铅酸电池在汽车启动、照明、点火（Starting Lighting and Ignition，SLI）以及在商业和工业不间断电源（UPS）应用中无处不在。2010 年，镍金属氢化物电池在混合动力电动汽车市场占据主导地位，它为 Toyota Prius、Ford Escape 等混合动力汽车和其他车型提供了快速驱动发动机和再生制动能量的能力。锂离子电池是消费型电子产品中最常见的电池，因为它使摄像机、笔记本电脑、手机、便携式电动工具等设备体积变得更小、功率容量更大，因此目前这些电池都是热门方向，它们正在为电动汽车与电网应用发挥着至关重要的作用。

图 1.2 展示了四种电池的六个关键领域的相关性能，这些电池是依据技术成熟度以及与当前和近期主要储能应用的相关性而选择的。应该注意的是，像"金属氢化物"或"锂离子"这样的术语包括许多不同的化学物质，在每个类别中，它们的性能和技术成熟度均不同；在这里描述的数据只是其近似平均值。同样，每个性能类别都可能忽略化学物质的显著差异。例如，"循环寿命"这一简单的类别其本身并不表示循环寿命对放电深度、温度、倍率、循环频次等的敏感性，在不同的条件下，它们可能会改变一种化学物质对另一种化学物质的相对性

能。因此，图 1.2 是最大程度捕捉每个类别电池性能的一般本质而创建的。所描述的值单位不统一，具有随意、但相对的单位，每个类别通过缩放达到最优值。

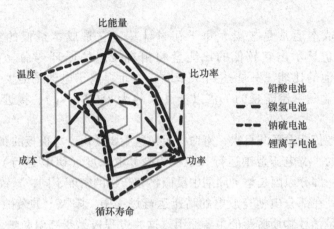

图 1.2　所选电池类型的相关性能

在未来，不但这些值有望提高（尤其是对锂离子电池），而且其他更有前景的化学电池也有可能进入市场。例如，由锂金属阳极和硫或空气基阴极组成的电池正在研发中，因为它们有潜力提供相当高的单位重量的能量（比能量），所以对移动应用有特别的意义。此外，液流电池可以以最低的成本提供更好的操作灵活性和较长的循环寿命（这是固定应用特别感兴趣的）。以上几项电池技术已经研究了几十年，但是它们在商业上具有广泛可行性之前还需要进行较大的改进。

1.1　铅酸电池

铅酸电池由二氧化铅阴极、铅阳极和硫酸水溶液电解质组成。在放电过程中，每个电极都消耗电解质中的硫酸并生成硫酸铅。在充电过程中，硫酸铅被转化为硫酸，同时在阴极上留下一层二氧化铅，在阳极上留下一层金属铅。

在充电过程中，电解质中的水会分解成氢气和氧气。在通风的设计条件下，这些气体会逸出到大气中，这样，就需要定期向系统中加水。密封的设计可以防止这些气体逸出，并且使气体可以转化为水，这样可以减少维护；然而，在电池过充或充电倍率过快时，系统产生气体的速度可能超过转化为水的速度，这样就会引发爆炸。

阀控式凝胶和玻璃纤维隔膜（AGM）都是可以在微恒压的情况下正常工作，

3

但需要采取不同的方法来减少压力积累所带来的风险。前者将二氧化硅添加到电解质中使其凝胶化，而后者则将电解质悬浮在玻璃纤维隔膜中。这两种设计都减少或消除了电解质泄漏的风险，并通过阀门调节内部压力来提高安全性，但成本略高。

铅酸的成本通常是按美元每千瓦时计算，它是成本最低的二次化学电池，但同时也显示出它较低的比能量和相对较短的循环寿命。在实际应用中，铅酸电池的比能量只能达到35Wh/kg，而锂离子电池的最大比能量可以达到铅酸化学反应比能量的7倍以上（大约为250Wh/kg），接近理论最大值（252Wh/kg）。

铅酸电池仅能循环几百次，寿命极短，这主要是由于电极板的腐蚀和活性物质脱落造成的。宽电压范围运行（也称为高放电深度（DOD运行））加剧了这两个问题，一部分原因是整个周期中反应物和产物的密度不同，导致电极上的活性物质脱落。在部分电池充放电的高速运行过程中，阳极上的硫酸铅积累（硫酸化）可能是活性物质脱落的主要原因。这些过程极易受高温影响，根据经验，环境温度每升高8℃，电池寿命将减少一半。

如上所述，铅酸电池的主要缺点是能量密度低，循环寿命短。通过改进电极的活性材料和栅极设计，电池可以获得比能量的边际增益，但总是受到化学电池相对较低的理论边界的限制。用类似于电化学电容器的碳阳极替代传统的铅阳极可能会大大延长循环寿命，但这样做可能需要将阴极中铅的含量增加几倍，从而增加电池的成本和重量。另一种延长循环寿命的方法是使用"铅酸电池"，在这种电池中，铅溶解于甲烷磺酸水电解质中。这个系统只使用一种电解质而区别于稍后将要讨论的传统液流电池，从而避免了使用复杂的电解质隔膜。如果能够证明深放电循环寿命长并且成本较低，那么铅酸电池在基于电网的大容量储能应用中将具有广阔的应用前景。但考虑到其理论比能量极低，铅酸电池不太可能在体积容易受影响的大型移动应用中与锂离子等高能化学电池竞争中占优势。

1.2 镍基电池

镍基电池使用的都是常见的氢氧化镍阴极和氢氧化钾（KOH）电解质。镍化学电池与铅酸电池的区别在于阳极的不同。最初，镉阳极使镍基电池的能量密度和循环寿命有显著的提高；但是后来镍镉电池受到镉的高成本和强毒性的影响（镍镉电池在欧盟基本上被禁止使用），这导致了镍金属氢化物以及后来的锂离子化学电池的兴起。

镍氢电池本质上是一种混合式的燃料电池，加压气态氢被用作阳极活性物质。这种电池是专门为航空航天应用而设计和使用的，可以提供超长的使用寿命以及其他特定优势，但极高的成本完全限制了它们在其他方面的应用。

镍金属氢化物（NiMH）电池最初的设计目的是将氢储存在镍氢电池中，但是如今这种电池用于混合动力汽车（HEV），并可替代镍镉电池。在 NiMH 中，一种复杂金属合金在阳极侧用来储存氢，它由多种合金化合剂组成，可以调节电池的性能。尽管它的低温性能差（低于 0℃）和自放电率高（高达每月 30%），但是这种化学电池具有比较理想的比能量、循环寿命以及高倍率性能，推动了 NiMH 取代镍镉电池。

使用金属锌作为阳极和氢氧化镍作为阴极可以提高电池的电压和功率容量，还可以提高电池的高效率性能。此外，锌含量相对丰富，所以它的成本低于镍镉电池和镍氢电池。然而，镍锌电池与其他金属阳极系统有着相同的缺点：锌在充电过程中会被非常不均匀地镀在阳极上，而且可能导致金属枝晶的形成和电极的膨胀。当体积变化过大时会导致其他电池部件产生机械应力，从而导致性能下降。重要的是，枝晶会引发内部短路或与阳极的分离，从而导致活性物质的减少和不可逆的容量损失。

氢氧化铁（$Fe(OH)_2$）也可以作为镍基电池的阳极，但由于在充放电过程中电极存在明显的析氢问题，所以它的使用极为有限。

镍镉、镍氢和镍铁电池的进展分别受到毒性、成本和性能的严重限制。另一方面，NiMH 在 Toyota Prius 和 Ford Escape 等混合动力汽车中被普遍使用。NiMH 的研究内容包括改善低温性能、降低自放电率和延长循环寿命等。因为 NiMH 已经实现了生产规模经济化，所以很难再通过研究和开发来优化成本问题，目前镍氢电池成本的 35% 是镍的成本。

与镍氢电池相比，镍锌电池有了许多改进，但它们目前受到循环寿命短的限制，克服这一障碍需要解决锌的熔解和电镀问题。此外，锌和镍有相似的相对丰度，所以如果大规模地使用锌的话，电池成本变得更加高。

1.3　钠 β 电池

钠 β 电池是一种熔融盐蓄电池，它使用熔融钠作为电池负极，通过钠离子进行电荷输送。依据阴极的不同，钠 β 电池分成两种主要类型：第一种使用液态硫阴极，第二种使用固态金属氯化物阴极。两者都使用将阴极和阳极分开的 β- 氧化铝固体电解质（BASE）。在高温下，这种陶瓷材料的离子电导率与典型的水溶液电解质相似，因此，钠 β 电池通常必须工作在 300℃ 以上。

1.3.1 钠硫电池

钠硫电池通过以下反应工作：

阳极：$Na \Leftrightarrow Na^+ + e^-$

阴极：$xS + 2e^- \Leftrightarrow Sx^{2-}$

电池整体：$xS + 2Na^+ + 2e^- \Leftrightarrow Na_2Sx$

如上所述，当电池处于工作温度时，它的阳极和阴极都处于液态。在高温下，BASE 允许钠离子进行有效迁移；液体电极的不渗透性和极小的电导率使钠硫电池有着超低自放电和近乎完美的库仑效率。图 1.3 显示了一个典型的钠硫电池的内部结构。

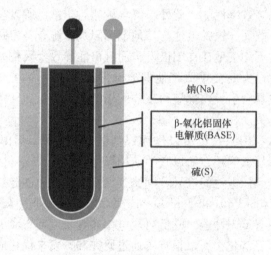

图 1.3　钠硫电池的内部结构

早在 20 世纪 60 年代，硫酸钠电池作为汽车充电牵引电池发展起来，因为它高达 100Wh/kg 的比能量而备受关注。尽管硫酸钠电池从未应用在汽车领域，但它目前在公用设施负载平衡系统中有少量应用。长循环寿命（高达 5000 次深度放电循环）和应用系统较低的功率-能量比要求推动了硫酸钠电池的使用。

关于这种化学电池的问题通常围绕着高温展开。虽然 300℃ 工作点可以看作是一个优势（考虑到环境温度的合理变化不太可能影响性能），但它对寿命有负面影响：首先，高温加剧了电极的腐蚀性；其次，在冻融循环中，热膨胀系数的变化会导致机械应力的产生，机械应力会破坏密封零件和包括电解质隔膜在内的其他电池组件。固体电解质的易碎性也是一个值得关注的问题，因为如果发生破裂，就会导致两种阴极液体混合，从而可能发生燃烧和爆炸。因此，为了最大限度地降低这种风险，电池必须避免冻融循环。这要求蓄电池绝缘，并使电池温度保持在冰点以上，或不断利用外部加热电池。

1.3.2 金属氯化物电池

钠硫电池的金属氯化物变体通常用固体氯化镍阴极（通常称为 ZEBRA 电池）代替液体硫阴极。此外，还加入次氯铝钠电解质，它可以提供固体阴极与 BASE 电解质之间的离子电导性。在金属氯化物电池中发生的反应如下：

阳极：$Na \Leftrightarrow Na^+ + e^-$

阴极：$NiCl_2 + 2Na^+ + 2e^- \Leftrightarrow Ni + 2NaCl$

整个电池：$NiCl_2 + 2Na \Leftrightarrow 2NaCl + Ni$

与钠 β 电池相比，氯化镍阴极具有以下几个优点：它们可以在较高的电压下工作，具有更高的工作温度范围（部分原因是二次电解质的熔点较低），阴极腐蚀性稍弱，电池结构更安全（可以避免处理金属钠）。但是，它们可能会略微降低能量密度。

氯化钠镍电池已经应用于一些电动汽车，目前主要是以示范为主。然而，当车辆停放时，它们有限的功率-能量比和加热要求成为汽车市场大规模部署所要面临的挑战。

1.3.3 挑战与未来工作

在高温度下工作经常被视为是一种优势，因为当辅助系统将电池保持在 300℃附近时，钠 β 电池暴露在大多数环境温度时的敏感性是零。然而，钠 β 电池的主要缺点也与高温操作要求有关。这不仅在安全性方面存在问题，而且还在效率（电池加热器的能量损失）、便利性（启动时间）、寿命（冻融循环也可加速降解）和可靠性（高腐蚀性钠金属遇高温会导致电极容量出现问题和腐蚀产物的高电阻率会导致其他失效模式）等方面存在问题。通过改进电池的结构和设计，电池的寿命和可靠性仍有很大的改进空间。由于技术进步有限，几乎无法提高安全性、效率和便利性——对于这些化学电池来说，基本上都是在高温下操作。然而，科学家们正在研究基于新的阴极和/或钠离子导体的低温钠基化学电池（例如用 NASICON™ 取代 BASE 电解质）。

对于最有实用价值的应用场合，成本也是一个重要的问题。目前正在努力开发堆叠平面电池设计，预计可将电池成本降低一半，其与传统的管状设计不同，可以增加比能量和功率（在许多应用中，后者是使用这些电池时的限制因素），提高封装效率和模块化，同时提供了解决长期腐蚀问题的机会。这种设计将面临密封和材料选择的挑战。

另外还有两个问题阻碍了钠 β 化学电池在移动应用中的使用：低功耗和易碎性。前者主要是由固体电解质的电池结构和低离子电导率所导致；后者是由脆性陶瓷 β 氧化铝电解质的特性，再加上电解质与电池内其他结构之间热膨胀系数的普遍不匹配所致。因此，在经常遭受振动或冲击的应用中（如运输应用），或者需要偶尔重新安置电池的商业场景中（正如已经讨论过的一些公用设施传输升级延期应用）使用钠硫电池通常是不切实际的。

1.4 液流电池

液流电池主要分为两类：氧化还原电池和混合电池，其能量主要储存在溶解于电解质中的活性材料之中。当电池充电或放电时，电解液流过电极并储存在外部。电极通过离子交换膜分开，同时离子交换膜也分离阴极侧和阳极侧电解质（分别称为阴极电解质和阳极电解质）。

值得注意的是，根据对电池和燃料电池的原始定义，液流电池通常可归类为再生燃料电池。然而，由于其反应的可逆性与主流命名法，这里将其与二次电池一起讨论。

1.4.1 氧化还原液流电池

在氧化还原液流电池中，活性材料始终溶解在电解液中。氧化还原液流电池由几种不同的化学物质组成，其中最为瞩目的是对钒这种化学成分的研究。值得提到的一点是，铁铬电池是由美国国家航空航天局（NASA）开发的第一种液流电池。最常用的钒氧化还原液流电池工作过程如图 1.4 所示。

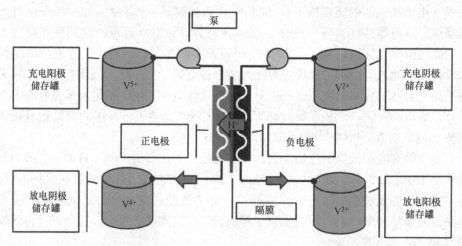

图 1.4 在放电模式下，钒氧化还原液流电池的工作过程

这种氧化还原配置为非液流电池和混合电池提供了诸多好处，优点主要有三点：第一，储存容量仅受罐的容量和可用电解质浓度限制；第二，它还可以解耦

系统能量和功率能量，后者由电极的数量和尺寸所决定；第三，它无需电池平衡（允许相对简单的高压电池构造）以及通过更换电解液可以对电池进行机械再充电。缺点通常在于泵送、存储和控制系统的复杂性，以及低比能量和体积能量密度低（通常小于铅酸电池的能量密度）。

1.4.2 混合型液流电池

在这种液流电池中，至少需要一种活性物质电镀到电极上；因此，电极具有容纳有限活性材料的能力，所以功率和能量水平是耦合的。在已研究的几种化学电池中，由于电解液的低成本和稍有改善的能量密度，溴化锌是研究最多的，但镀锌过程中，会形成枝晶，引发问题。

1.4.3 挑战和未来工作

一方面，液流电池低比能量是制约其在大多数市场应用的主要原因，同时液流电池主要是应用于固定（主要是电力公司）应用场景。另一方面，产品的技术成熟度低，也是一个障碍——液流电池在公用事业公司通常期望的兆瓦级功率运行还有待论证，但系统的灵活性、预期的寿命长和低成本将是其主要优点。为了在市场上取得成功，效率必须超过当前水平（约为70%），可靠性也必须提高以达到满意的寿命要求，维护的要求也要降到最低。使用有毒和腐蚀性电解质使电池的可靠性和寿命变得难以预测，这对液压子系统和离子交换膜的材料应达到的水平带来了重大挑战。

有几种途径可以改善液流电池的性能并且同时满足要求。首先，改进的系统设计和生产实践，可以大大提高可靠性，并在保持低成本的同时实现合理的效率提升，这种方法的关键点是离子转移膜的制造技术的进步。另外，研制可以提供更高的效率、改善比能量和/或利用更具有成本效益或毒性更低的材料（主要包括氢-卤素，氢-溴，铁-铬等）的新型氧化还原电池也是最近研究的主题。

1.5 锂离子电池

目前，锂离子电池成为包括手机、平板电脑、笔记本电脑、数码相机、电动工具和玩具在内的便携式消费电子设备的首选电池，这主要是因为它的耐用性、高比能量（100~200Wh/kg）以及可以在相当高的功率下工作。最近，锂离子电池开始作为混合动力汽车和纯电动汽车的动力组件进入汽车市场。除了高比能量外，汽车市场还受益于这种电池的高功率、高效率和长循环寿命。随着汽车市场的扩大，锂离子电池生产规模也在不断扩大，这些电池也开始定向服务，促进可再生能源实用技术，如太阳能和风能。

锂离子电池在充电时通过将 Li⁺ 离子穿梭到阳极主体，然后放电时通过电解质将相同的离子穿过多孔隔板传输到阴极。如图 1.5 所示，锂离子电池维持每个电极上的电荷平衡，同时又驱动电流通过外部电路工作。和许多其他电池化学制品一样，锂离子电池需要导电和能够电离的阳极和阴极、绝缘但可以电离的电解质和隔膜。在锂离子电池中，存在阴极、阳极和电解质的多种组合，人们目前正在积极地研究和开发其中的几种，以改进锂离子电池技术。

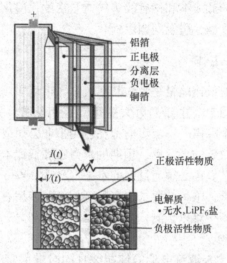

**图 1.5　当电池放电时，锂离子电池具有石墨阳极和
层状锂金属氧化物阴极（$LiCoO_2$）**

1.5.1　锂离子阴极

目前，有三类阴极，包括层状过渡金属氧化物、尖晶石和橄榄石。每种结构都有各自的优点和缺点：层状氧化物通常提供的容量最高，但存在成本和安全问题；尖晶石以比较低的成本和安全性损失来获得非常高的比功率，但是可能会出现较差的电子传导性和结构稳定性问题；橄榄石以较低成本提供了良好的安全性和长寿命，但一般以牺牲容量和电压为代价。

锂钴氧化物（$LiCoO_2$）是索尼公司在 20 世纪 90 年代初期开发并引入商业市场的第一种层状氧化物阴极材料，也是当今锂离子电池中最常见的阴极化学电池。在应用初期与小型圆柱形电池形式的硬碳阳极配对，它可以提供 130Wh/kg 的特定能量和良好的循环寿命。从那时起，这种阴极材料已经与石墨阳极配对，若针对容量进行优化，电池级比能量可超过 200Wh/kg。然而，钴的成本和毒性，驱动了含钴量较低的其他层状氧化物阴极材料的开发，最有代表性的是镍钴铝（NCA）和镍锰钴（NMC）化学电池已经开发出来，不仅降低了成本，而且还提高了能量密度、寿命和功率输送的性能。

层状氧化物阴极的最大缺陷在于成本和安全性：钴和镍的含量导致成本上升；在滥用条件下（通常是高温、高电压和能量含量，其中可能发生与电解质的反应或溶解），氧气的释放和安全问题直接相关。该过程不仅极度放热，而且与氧气结合时电解质易燃，有火灾和爆炸的危险。虽然较新的 NCA 和 NMC 阴极可以稍微改善安全性，但它们不能充分降低风险。

在极端条件下运行时，尖晶石型锂电池（通常为锂锰氧化物）的结构会释放出较少量的氧气和热量，所以在安全性方面得到了进一步的改进。此外，由高效锰取代钴和镍显著降低了成本，而用于锂离子嵌入的开放结构允许更高的功率和效率。但面对的主要挑战是相对于层状氧化物的较低比容量和锰在高温下溶解的趋势，限制了其使用寿命。

橄榄石型锂电池（通常为磷酸铁锂）进一步提高了安全性，在某些情况下，磷酸铁阴极比石墨阳极的反应性更低，这种化学反应的稳定性通过其较长的循环寿命得到进一步证明。同钴和镍相比，铁和锰一样价格便宜且含量丰富。然而，锂的容积（即每克主体材料中的锂库仑数计量，通常以 $mA \cdot h/g$ 表示，并称为主体材料的比容量）甚至低于锰尖晶石，并且电池电压也更低，导致相对于层状氧化物的比能量显著降低。除此之外，如果不利用阴极中的纳米级结构使表面积与体积的比例最大化，橄榄石倍率特性大打折扣。

1.5.2 锂离子阳极

在过去几年中，由于普通碳基阳极（如石墨和硬碳）比商用阴极成本低且更稳定、具有更高的比容量，因此，一直重点关注新型阴极的研发技术。例如，商业石墨的平均比容量约为 $330mAh/g$，而钴酸锂的可用比容量仅为 $140mAh/g$。因此，阴极通常是容量限制电极，由于阳极容量增加使得边缘化电池水平得到改善。然而，阳极性能的提高仍然会带来收益，尤其是当石墨阳极技术在镀锂方面存在重大的问题时。

当低温和高充电倍率造成阳极的电位变得过低时，锂离子可以在阳极表面上以金属锂的形式析出而不是嵌入阳极内。这将导致枝晶的形成，不仅产生不可逆的容量损失（通过活性锂的损失），而且还会形成枝晶短路威胁。因为内部短路产生的热量可能引燃可燃电解质，导致爆炸，这是一个主要的安全问题。这些问题长期以来一直是制约着锂金属作为阳极的最大障碍；当前正在进行大量稳定锂金属阳极的研究，以期尽快解决这个安全问题。

钛酸锂尖晶石结构已成为石墨的替代品，在高电压下，锂阳极比碳阳极通过操作可以获得更高稳定性因而大大降低了锂电镀的机会，并且极大地消除了电解质还原和固体电解质界面（SEI）层的形成。虽然钛酸盐的使用提高了安全性、寿命和效率，但它也导致了电池电压显著降低。钛酸锂电池的比容量约为石墨的一半，所以它的比能量会明显降低。

1.5.3　锂离子电解质

电解质通常包含有机溶剂的混合物，例如碳酸乙烯酯、碳酸二甲酯和碳酸丙烯酯，其中含有溶解的锂盐，例如六氟磷酸锂（$LiPF_6$）。与电极耦合无关，电解质通常暴露在超出其稳定极限的工作电压中。对于在接近锂电镀的电位下工作的碳阳极，会导致阳极处电解质的减少，从而形成称为 SEI 层的保护涂层。SEI 层通常在最初的几个充电循环期间形成，这一过程通过消耗带电荷的锂离子以及对电离传输性质的负面影响而导致一定程度的不可逆容量损失。因为 SEI 层防止进一步减少电解质，这对于电池的长期稳定性是至关重要的。因此，调整电解质种类是优化 SEI 层的一种正确的研究方法，可以改善许多电极耦合的长期性能（然而，值得注意的是，这不适用于钛酸锂阳极，因为如前所述，钛酸锂阳极相对于锂的电压较高，所以不会形成 SEI 层）。

电解质的稳定性是一个重要的安全问题。当阴极在稳定的电解质电压范围外操作时，它们与电解质的反应会导致氧气和热量的生成并可能出现热失控，在较高温度下，这种风险通常会加剧。此外，大多数锂离子电解质与氧气和点火源结合使用时是易燃的。当前正在研发的几种方案可以有效避免这种情况，包括不易燃的电解质添加剂、无机电解质和固体或聚合物电解质。尽管后者有望通过消除电解质分解、泄漏和排气的问题而显著改善安全性，但它们具有明显较低的离子电导率。上述原因导致固态锂离子电池并没有大量进入市场。

电解质在低温性能中也起着重要作用。在低温下（通常低于0℃），电解质的离子传输性能受到影响，这会大大降低电池性能和效率。电解质配方可以进行微调，以提高低温性能，但这可能会在较高温度、长期降解和安全性等方面产生负面影响。

1.5.4　锂离子的挑战和未来工作

尽管锂离子电池在商用电子市场占主导地位并且在车载应用方面具有光明前景，但其安全性仍然是极其重要且要面对的挑战，特别是在交通运输领域。成本、比能量、低温性能和寿命等性能的提升值得关注，但它们的重要性因应用系统而异。通过开发新的阴极、阳极和电解质以及稳定添加剂和涂料，可以实现这些目标。目前，工业领域、国家实验室和学术界的大量研究工作都致力于这些方面的研究。

安全性是许多当前和潜在的锂离子市场最关心的问题，特别是考虑到与笔记本电脑、混合动力汽车和飞机有关的相对较多的安全事故。虽然，与现场使用的电池数量相比，发生事故的比例非常小，但单个事故如大型载人电池装置（例如汽车电池装置）的危险程度（可能发生火灾和爆炸）是特别值得关注的。值得庆幸的是，有多种途径可以解决锂离子电池安全问题，包括封装级的热管理和电池管理系统、电池级的设计以及改进制造质量使用元件级的高级阴极、电极及电解质，所有这些都可以显著改进电池性能。例如，目前正在研究能够稳定电极——电解质界面的电极涂层，将对安全性及寿命产生有益影响，同时仍然需要进一步开发的无机电解质系统也具有类似的研究前景。

成本通常是锂离子电池的第二大限制。特别是对于大型电池（例如汽车电池），大规模制造通常被认为是降低成本的可行性途径。为此，2009 年底，美国恢复和再投资基金（ARRA）获得了 24 亿美元的资金，用于建立一个制造基地，希望在 2015 年之前降低 70% 的电池成本、支持年产 50 万辆电动汽车的规模。全球各国政府也进行了类似的投资，以启动大规模锂离子电池制造。这种规模制造带来的成本降低很大一部分归根于材料的商品化，约占当前电池成本的60% ；单独的材料成本（阳极、阴极和电解质）占市场成本约 10% 。因此，开发包含成本较低的材料（如铁而不是钴）阳极和阴极是另一个值得追求的有效途径。

性能也是需要改进的一个方面，特别是低温响应、长期退化和比能量，虽然在许多情况下它已经优于竞争技术。应该注意的是，通过先进的阴极、阳极和电极涂层可以实现的长期退化和比能量改进也有可能以每千瓦时为单位降低锂离子的成本。目前正在寻求多种途径，包括更高电压和纳米结构的电极，然而比能量的改进是以使用寿命和/或安全性为代价的。例如，高压阴极肯定会提高能量密度，但是在这些高压下仍然可以确定尚未识别的电解质。另外，纳米结构电极可以同时提供多种性能改进，但制造成本要高得多。

新材料化学物质正在探索研究中。在阳极方面，一些新的金属氧化物阳极材料（如锡和钛基阳极）可提供比目前常见的碳基阳极更高的容量，但通常在充电和放电电压曲线之间存在显著差异（导致效率极差）。硅基阳极的使用也正在广泛研究中，因为它具有极高的理论比容量（4200mAh/g），但在锂插层过程中体积膨胀约为 400% 。这种极端的体积膨胀可导致颗粒破碎和电子传导性的降低，导致极高的不可逆容量损失并大大缩短循环寿命。其他可能的阳极材料包括金属硫化物、磷化物和诸如锡（Sn）和锗（Ge）的锂合金材料也会有类似的容量增益，但也受到体积膨胀的影响。目前的研究工作集中在开发纳米结构材料以减轻体积膨胀的影响以及研制保护涂层，这将最大限度地减少不可逆的第一循环容量损失，并在体积膨胀期间提供更好的黏附。

最大容量的阴极材料包括含有由 Li_2MnO_3 和 $LiMO_2$（M = Ni、Co、Mn）组成的层状电极，由 Li_2MnO_3 和 $LiMn_2O_4$ 组成的层状尖晶石电极，以及由 Li_2MnO_3、$LiMO_2$ 和 $LiM_2'O_4$（M′ = Ni、Mn）组成的层状尖晶石电极。这些阴极材料的比容量超过 200mAh/g，目前处于高容量阴极技术的前沿。然而，由于潜在的阴极技术无法接近可能的阳极（如硅（Si））的容量，因此可能需要考虑接下来几节中讨论的锂-硫或锂-空气阴极。

1.6 锂-硫电池

目前正在开发的锂-硫电池具有极高的比能量（理论比能量约为 2500Wh/kg）。虽然由于锂-硫电池还存在循环寿命和安全方面的问题，导致它还不能投入商业应用中，但是它已经在小型应用中显示了基本性能和能量密度的潜力。基本电池由多孔碳框架支撑的硫阴极、液体电解质和锂金属阳极组成。当 Li^+ 在电解质中溶解时，锂-硫电池在放电时发生下列反应：

$2Li + S_8 \Leftrightarrow Li_2S_8$（可溶解）

$2Li + Li_2S_8 \Leftrightarrow 2Li_2S_4$（可溶解）

$2Li + Li_2S_4 \Leftrightarrow 2Li_2S_2$（不可溶解）

$2Li + Li_2S_2 \Leftrightarrow 2Li_2S$（不可溶解）

上述反应首先生成长链多硫化物，然后它将会溶解在电解质中；长链多硫化物进一步还原会导致可溶性多硫化物的减少；最后，反应生成固体 Li_2S_2 和 Li_2S。尽管锂-硫电池具有较高的理论容量，但充电反应只能通过电化学裂解和重组阴极中的硫-硫键来实现。因此，锂-硫电池的化学性质相当复杂。

1.6.1 锂-硫阴极

锂-硫阴极能提供极高的能量密度，部分原因是硫的分子量较低。硫的低成本和高可用性也有助于提高这些电池的生产成本效益和可持续性。然而，由于硫的电导率低，电池通常需要采用多孔碳载体，但是它的重量降低了理论比能量。

锂-硫阴极还包括一种天然的硫穿梭机制，可以防止电池过充电。但是通过调整梭子来获得最佳性能是复杂的，此外它还可以造成每月超过 10% 的高自放电率。并且在整个充放电过程中会形成多种中间硫化物，它们会影响阴极的稳定和寿命。在电池中还要防止包括 Li_2S_2 和 Li_2S 在内的不溶性物质阻塞锂-硫阴极的多孔网络。

1.6.2 锂-硫阳极

使用锂金属作为负电极可以获得极高的比能量（3860mAh/g），但是会制约电池安全长效运行。如前所述，阳极的作用是充电时在阳极表面镀锂和放电时溶解锂。这种电镀过程会导致体积的显著变化，其循环次数约为300%（相比之下，石墨阳极约为10%），可引起电池所有部件的机械应力并引入或加剧其他机制失效。此外，其电镀过程可能高度不均匀，可导致形成枝晶，从而导致活性物质损失和在最佳运行条件下造成不可逆容量损失。钾阳极与所有金属阳极一样，形成枝晶是有危险的，它可能导致内部短路和火灾（与锂离子电池一样，锂-硫电池中使用的电解质是可燃的）。然而，当钾阳极与硫阴极结合时，阳极表面和新形成的枝晶可被可溶性多硫化物链覆盖。虽然不活泼的锂和硫的增加确实导致不可逆容量损失，并且分层确实降低了电导率，但是它也抑制了金属锂的反应性，并且至少部分地抑制了额外的枝晶生长。此外，作为可靠的保护涂层，必须对硫化物层的厚度进行控制。最后，锂金属接触到水（H_2O）会发生剧烈的反应并且影响安全，尤其是在电池容器被破坏的时候。

1.6.3 挑战和未来工作

锂-硫电池实际的比能量至少是锂离子电池的两倍，所以对许多应用很有吸引力；然而，锂-硫电池仍然有许多地方需要改进，同时也要解决好容量衰减、自放电和安全问题。目前有许多研究人员正在努力解决这些问题，例如利用依赖于不同多孔碳和可能混合的或功能化的多孔碳的新阴极结构以稳定多硫化物产品；另外还正在研究用于提高硫利用率、稳定性和电导率的表面涂层，以及用于提高电导率和控制穿梭的新电解质。最近的一些研究结果令人鼓舞，相信未来的研究会找到解决这些问题的方法。但是记住这一点很重要，锂-硫电池最终可达到的体积比能量接近于传统的锂离子电池，因此，在空间条件受限的情况下，比如在移动应用中，锂-硫电池可能无法像成熟的锂离子技术那样提供较高的性能水平，比能量的差异可以表明这一点。

1.7 金属-空气电池

在许多应用系统中，金属-空气电池具有极高的能量密度和极低的储能成本。在金属-空气电池中，氧气（在理想情况下，从大气中获取）是阴极，纯金属是阳极（见图1.6）。当放电时，金属阳极氧化成金属氧化物；当充电时，这些金属氧化物在阳极上被还原成金属。目前已有镁、铁、铝、锌和锂等金属应用于这类电池,但只有锌和锂在充电时表现出较好的性能,因此本书将集中讨论后两者。

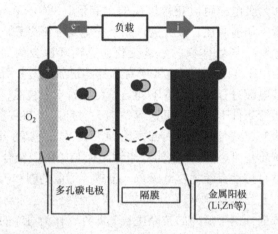

图 1.6　在放电模式下,一种通用的金属-空气电池工作过程

值得注意的是金属-水电池是金属-空气电池的变体,这里空气阴极被水阴极所代替。金属-水电池与金属-空气电池存在许多相同问题,特别是电池的电压显著偏低且它们的应用范围普遍有限,因此,在下面的讨论中省略了它们。

1.7.1　锌-空气电池

锌-空气电池的理论比能量大于 3kWh/kg(不包括氧的质量),超过锂离子电池的储能能力。此外,锌-空气电池使用的是含量丰富而且成本低的材料——锌,这样提高了可持续性和成本效益。

从历史上看,锌-空气电池一直受到可逆性差和长期性能差的影响,这是由于镀锌(几乎所有金属阳极的共有问题:体积膨胀和枝晶形成)和电解质蒸发(在开放系统中使用时)所造成的。

1.7.2　锂-空气电池

锂-空气电池的理论比能量超过 11kWh/kg(不包括氧气的质量),其值可能是最接近化石燃料比能量的,因此汽车和其他移动应用都考虑使用锂-空气电池。然而,空气阴极通常需要多孔碳载体。如果考虑这种支撑结构(大约 70% 孔隙率)、空气阴极和电解质的重量的话,比能量会降低到 2.8kWh/kg,这与理论比能量 11kWh/kg 相差甚远。即使这样仍远远超过当今最先进的 $LiCoO_2$/石墨基锂离子电池(0.25kWh/kg)。然而不幸的是,锂-空气技术仍处于起步阶段,并且面临诸多挑战。

例如,锂-空气电池与锂-硫电池类似,两者阳极在循环过程中会有相当大的体积变化以及由不规则的电镀导致的枝晶形成，并且与水有较高的反应活性。然而与锂-硫电池不同的是，锂-空气电池目前仍没有抑制枝晶反应的机制，这会增加不可逆容量损失和短路形成的可能性。此外，如果利用一个开放系统来获得大气的氧气，锂阳极会与大气中的 H_2O 发生反应，特别是在湿度较高的环境中。

其他几个因素也同样值得关注：在阳极侧，放电产生的金属氧化物会形成绝缘层；随着反复充放电，更多的氧化物会积聚起来并且导致大容量损失和倍率能力的降低。当然，充放电反应的动力学也阻碍了这些电池的商业应用。这个因素不仅限制了本可达到的比功率，而且导致效率逐渐降低。实际上随着时间的推移，暴露在大气中的电解质不仅会蒸发，同时也会使系统暴露在杂质中，这些杂质会与锂金属发生反应，并产生在现阶段基本上未被分析过的影响。

空气阴极也引起了巨大的挑战。空气阴极的反应如下：

$2Li^+ + 2e^- + O_2(g) \Leftrightarrow Li_2O_2(s)$；$E^o = 3.1V$（平衡点）

$4Li^+ + 4e^- + O_2(g) \Leftrightarrow 2Li_2O(s)$；$E^o = 2.91V$（平衡点）

其中，反应生成的过氧化物（Li_2O_2）会导致在阴极侧形成阻挡层。这使锂-空气电池在充放电期间的电压分布低于平衡电位（3V）；意味着在充电过程中要提供更多的能量用于储存，但所获取的能量更少。间隙电压的增大是锂-空气电池发展的一个重要阻碍。由于在电池运行过程中电极和电解质之间的界面发生反应，出现了有机电解质的电压不稳定导致间隙电压增大的现象。

1.7.3 挑战和未来工作

正如以上所讨论的，金属-空气化学的挑战是需要重视的。核心挑战在于阴极或阳极与电解质接触受阻，以及那些典型的金属阳极（在充电期间的体积变化和尺寸均匀性）。在采用锂阳极的情况下，阳极保护和稳定性特别重要，因为它不仅影响电池的长期性能，而且对安全性也构成了威胁；研究降低阴极充放电间隙电压的方法也是同样重要的。虽然可以催化这一反应，使得电压势垒不那么极端，但充放电反应之间的差异受热力学限制，这将阻碍研究人员提出的提高反应速率的任何改进。

其他的挑战包括电解质的蒸发和使用来自环境空气时的污染。使用离子电解质和固体电解质可以解决潮湿问题，但通常会降低效率并增加成本。或者，这些问题可以通过在系统级实施封闭和/或过滤空气得到解决。这些将再次带来额外的成本、复杂性和质量问题。

金属-空气系统的研究是一个新兴的领域。许多公司声称已经开发了一种可销售、可充电（最多可达 100 次循环）的锌-空气系统，但在成功地向消费者和公用事业批量销售之前，还需要对金属-空气系统性能进一步研究。当然，上述问题还有很多的解决方案尚待充分探讨，如铁等其他金属试验也在进行中，而且可能会取得丰硕的成果，最终可能实现一个可行的系统。但是金属-空气电池在短期内不太可能取得较大的突破。

1.8 新兴化学

电池是当前研究的热门话题，因为电池可能会对运输和能源行业产生变革性影响，也就是说，如果电池能够满足必要的性能和成本目标，就可以取代目前所使用的矿物燃料。没有一项商业化技术，也没有哪几项正在开发的公开技术有潜力实现所有目标。在某种程度上，出于这些原因，人们经常会提出新的化学电池；新电池的技术挑战、当前性能甚至基本功能的详细信息往往受到严格保护。在本节中，简要介绍了最近提出的几种电池，尽可能地涉及到它们的功能、性能以及技术挑战，但目前可用信息很少。

1.8.1 钠离子电池

钠离子电池运行原理与锂离子电池一样，都是通过正电荷离子在电极之间穿梭运动而放电。但是，用钠取代锂可以带来一些好处：首先，钠离子电池比锂离子电池可用性更高并且成本更低；此外，一些研究人员提出使用具有较低电池电压的水电解质，可以再次降低成本，同时提高安全性。使用钠离子电池必须降低能量密度，这就使其更适用于固定的应用场景，而不是移动应用场景。

注意，本节所讲的钠电池与 1.3 节所讲的钠 β 电池不同，因为它在常温下是通过钠离子的插层机理而工作的，并且不需要熔融阳极。

1.8.2 液态金属电池

一种新型液态金属电池也正在研发，这种电池的制作非常简单：先将液态锑阳极倒入容器，然后加入液态硫化钠熔盐电解质，最后加入液态镁阴极。由于三种材料密度不同，所以呈现了阴极保持在顶部、阳极保持在底部、电解质保持在中间自然分离的状态，这样大大简化了整体结构、降低了制造成本。在放电时，锑阳极和镁阴极溶解并在电解质溶液中反应生成锑化镁；在充电时，锑化镁分解并且分解的产物金属再回到各自的电极。

前几节概述了几种最先进的电池，以及锂离子技术在能量和功率容量方面的应用。下面的章节将会详细阐述电池设计的基本原理以及在选址定容的过程中经常遇到的问题和需要考虑的诸多因素。大多数实例都是首选锂离子电池，但本书所提出的解决方案不受电池种类的限制。

第 2 章

电 性 能

电池的工作原理与水轮机、空气压缩机等传统电源非常类似，电池在热力学和动力学方面的限制与传统电源在控制能耗方面区别不大，但仍有一些不同因素控制着电池运行。本章讨论了决定组装电池所用材料适用性的不同因素，以及将这些材料功能化应用的工程问题。首先介绍一些常用的技术术语；然后介绍描述充放电过程中电池内部变化的数学模型，并讨论这些术语在电池制造中的意义；最后简要概述评估的实验结果。相关测试过程在后面章节呈现，在这些章节中详尽描述了与目标应用相关的测试参数细节。尽管本章所述的原理通常适用于不同类型的电池，但本书所提示例更适用于锂离子电池的选择。

2.1 电池内部热力学

高中物理的一个简单实验可以非常有效地帮助理解电池的工作原理。图 2.1a 展示了一组不同形状的玻璃管，实验的第一部分是在每根管子中加入相同量的水（如 100ml），且每注入 1ml 水，测量一次从管子顶部到水面的空气柱高度。图 2.1b 展示了不同形状玻璃管的空气柱高度与水体积的关系图。

本实验有两个观察结果与电池工程师有关：

1）尽管每个容器内的水量相同，但不同容器的水柱高度不同，因此各柱的底势能不同。

2）图 2.1b 中曲线的形状是容器属性的函数（在本例中是几何图形）。因此，在任何给定时刻可用的势能不仅是水量的函数，也是容器形状的函数。

图 2.1a 所示不同形状的隔离玻璃管均含有相同体积的水，但是空气柱的高度存在差异（见图 2.1b）。当具有不同势能的装有水的管子连接起来时，能量均分在不同形状的管子上。同样，电池的正负电极包含不同电化学电位的离子，通过适当配对，可以使电池具有所需的能量存储和释放特性。

同样，电池材料在储存和传递能量的能力上也存在差异：对于同样重量的材

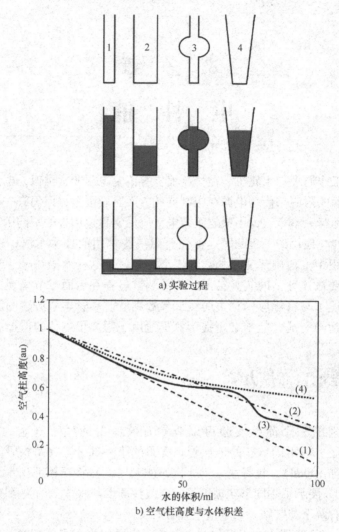

a) 实验过程

b) 空气柱高度与水体积差

图 2.1　电势定义的说明

料，电池电量是材料储存电荷能力的一个重要特征。这种能力称为电化学电势，像吉布自由能一样，电化学电势是一种有功的衡量，可以在理想条件下从材料中提取。

电化学电势通常被认为在理想条件下可以从主体材料交换工作离子的电压。就像测量容器底部不同柱内水的高度一样，需要一个参考值来测量材料的电化学电势。例如，在锂电池中，该参考值就是锂离子转化为金属锂的电势，因此，在与 Li/Li^+ 相对电势为 0V 时，锂金属自发地形成 Li 离子，但如果材料将它们存储在 0V，则不能从这些离子中获取有功功率，因为离子与锂金属处于平衡状态。

这种情况类似于 100ml 水在桌子表面延展成非常薄的状态，则这种薄膜相对于桌子表面的势能为零。因此，在与电池材料相同的条件下，将嵌入含有锂离子的容器中的金属锂称为参考电极，并且当该电极接地时，进行的所有电压测量都被列为参考 Li/Li^+ 电极的测量值。在受控条件下进行电压测量时（恒温、恒压、固定的材料成分（锂含量）），该电压称为平衡电压，然而，建立平衡条件需耗费大量时间。实际应用中，平衡电压近似等于系统变化微小至忽略不计时的测量值；例如，材料的温度变化控制在 0.1℃；假定压力恒定不变，这些固体和液体的体积变化可忽略不计；此外，如果将嵌入（或提取）最大锂含量所需的时间设为某个较大值（通常为 30h，甚至更长时间），则假定锂在材料中的分布是均匀的。在给定的温度和压力下，这种近似测量电压与锂含量的函数叫作材料的开路电位（Open Circuit Potential，OCP）。

就像水柱的高度一样，材料的 OCP 也会随着锂离子的数量和储存这些离子的能量水平而变化。电压与不同材料中锂含量的函数关系曲线如图 2.2 所示。OCP 和锂含量之间的关系由吉布相律[1]决定，该相律规定，一种材料可以独立变化的特性数量（f）由式（2.1）给出：

$$f = c - p + 2 \tag{2.1}$$

式中，c 是化学物质的数量（在我们的例子中，其值为 2：其一为锂，另一为容纳锂的材料）；p 是物相的数量。

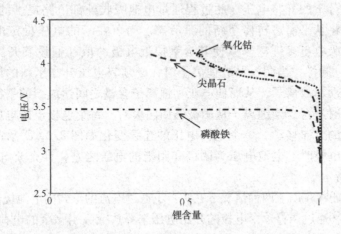

图 2.2　锂离子电池常用不同阴极材料的开路电位（OCP）

对比图 2.1b 与图 2.2，图 2.1b 显示了不同形状水管内相同体积水的势能。图 2.2 显示了含有相同数量锂离子的不同电极的电化学电位。

温度和压力是两个独立属性；剩余自由度为 1 还是 0，取决于材料是否可以在不进行相变的条件下容纳所有的锂。例如，磷酸铁根据锂的含量形成两个不同的相。因此，式（2.1）中唯一的独立性质是温度和压力，化学势可以作为该系统中所有其他性质的函数来计算；如图2.2所示，磷酸铁的OCP实际上与成分构成无关。另一方面，氧化钴性质类似于一种均质材料（即$p=1$），因此，除温度和压力外，这种材料的自由度为1（即$f=3$）。

OCP所代表的化学势是一种附加性质，它可以随锂含量的变化而变化，与温度和压力无关。OCP和锂含量之间的这种关系是决定电池材料选择的基本因素之一，下面将用一个锂离子电池的具体例子进一步探讨这个观点。

2.2 锂电池单体组成

锂离子电池由负极（阳极）和正极（阴极）组成。电池充电时，负极接受外部电路的电子，正极提供带正电荷的锂离子，以使系统保持电中性。电池放电时，锂离子回到阴极，同时阳极释放电子至外部电路（电流从正极出发，经负载流向负极）。

组成锂电池单体须先选定阳极和阴极，每个电极均可执行上述预期功能，而无热力学障碍。开路电位与锂含量关系的重要之处在于：对于含有一定量锂离子的负极，要接受更多离子，必须将其相对于Li/Li^+参考电极的电压设置为低于其相同成分下的开路电压。此过程通过电池吸收外部电路提供的电子完成。反之，阳极将从平衡态转移至新的激活态。为了在新的电压设定值下达到平衡，阳极需吸收更多锂离子以使其含量接近电极的值（假设其开路电压等于该设定值）。同样，当阴极释放锂离子时，必须将电压升高至新的设定点，此时，电极自动释放离子，从而使电压和锂离子含量之间达成新的平衡。逆过程在电池放电时进行，当锂离子从阳极移回阴极时，每个电极上的电压值会朝与充电时相反的方向移动。单个电极电压的连续变化如图2.3a所示；当离子从溶液移动到电极时，电池电压为阴极和阳极的电压之差，且充放电期间相反，如图2.3b所示。

离子的迁移在以下两种情况下完成：①通过电流的形式向电池提供额外的激励来完成；②通过调整单个电极的开路电压来释放或吸引多余的电荷到电极上。在这两种情况下，处于充电或放电过程的电极，在任何工况下其工作离子量与依据法拉第定律提供给电池的电荷量（或等效地，由于单个电极开路电压变化而产生的电流）有关：产生（或消耗）一分子量的离子（即1mol离子），需要一个法拉第电量（96487C）。以锂离子为例，分子量为6.94g。因此，如果使用1A电流对锂离子电池充电1h，理想情况下，将从阴极中提取258.9mg锂离子。因此，根据法拉第电磁感应定律，通过改变电池提供或消耗的电流量，或通过规定

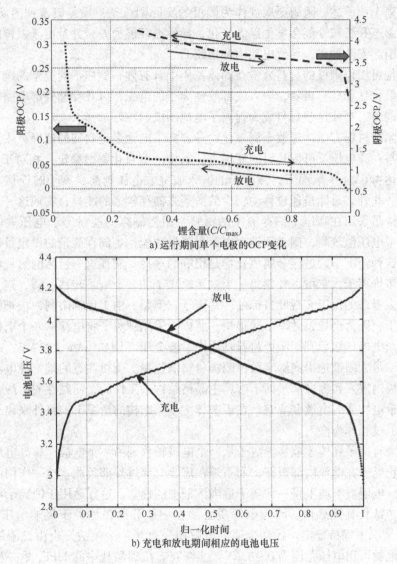

a) 运行期间单个电极的OCP变化

b) 充电和放电期间相应的电池电压

图 2.3 锂离子电池

外部电路的电力需求，锂离子可以以不同的速率进出电极。

为了使锂离子有效地在两个电极之间穿梭，从阳极提取这些离子的驱动力必须与用于将其嵌入阴极的驱动力配对。换言之，两电极须同步工作，且作用力一致，这样二力叠加才利于在预期方向传输锂离子，且使驱动力最大化，相应地，两极间的电压差达到最大化。在不干扰离子流动的情况下，电池的阳极侧可以达到的相对 Li/Li$^+$ 的最低电压是 0V。此时，作用力倾向于锂的电镀，而不是锂离子的迁移。因此，阳极材料的首选是金属锂片。

如第 1 章所述，阻碍金属锂作为阳极的实际困难是：反复镀覆和溶解锂后，阳极的形态和机械性能会发生巨大变化，导致循环能力差，并且由于镀覆的锂枝晶经常引起安全隐患，导致电池内部短路。

其他可用作阳极的材料通常在固体基质中含有锂，例如不同类型的碳、氧化锡、二氧化钛和硅。再者，嵌入或释放锂离子的电压，以及存储外部电路电子的热力学能力，都使这些材料成为锂离子电池阳极的较好选择。

在阴极材料方面，过渡金属氧化物是锂离子电池最受欢迎的选择，主要因为这些材料在高电压下可以长时间使用[2]，其中一些氧化物很稳定，相对于 Li/Li^+ 电压高达 4.6V。一般而言，锂离子的嵌入或提取电压越高，离子的迁移驱动力就越大。此外，目标是通过移动较少的离子来储存较多的能量，实现这一目标的一种方法是采用在高压下储存离子的材料：因为储存的能量等于电压乘以电荷量，如果电压值较高，则必须储存电荷量降低才能达到储存能量的设定目标。因此，在这种情况下，过渡金属氧化物是很好的选择。实现这一目标的另一种方法是使用多价离子，它可以补偿每一个被运输离子的多个电子转移。镁、锰、铅和钒是过去考虑的用于实现此目标的一些离子；但是，由于运输限制，很难输送较重的离子，因为会导致效率下降很快。所以，采用锂离子将电荷从一个电极转移到另一个电极，然后利用阴极材料基质中过渡金属（例如，Mn^{2+} 和 Mn^{3+}）的多价性，以最大限度地提高给定数量阴极材料储能量。值得注意的是，锂电池是通过在电极内嵌入和提取离子而不破坏主晶格结构来工作的，而碱性或铅酸电池则依赖于带电物质的电镀和溶解。在不破坏主基质结构的情况下，将外来离子插入主基质的过程称为嵌入。

必须有离子导体才能将锂离子从一个电极转移到另一个电极。该导电层必须能够阻止电子在电池内部短路，而不是在需要时穿过外部负载，这一作用由电解质实现。电解质本质上是一种溶于适当溶剂中的锂盐，选择适用于锂离子电池的电解质非常具有挑战性，因为电解质必须在阳极和阴极均处于极端电压（0～6V）的情况下保持稳定。找到合适的电解质一直是一个挑战，也由此限制了锂离子电池的可用电压范围为 0～4.5V。溶解在有机碳酸盐中的 $LiPF_6$ 是一种常见的电解质，其他溶剂如四氢呋喃（THF）、内酯和一些醚类已被提出，但它们通常被用作添加剂来解决特定问题（例如提高电解质在阳极表面的稳定性或提高离子在低温下的导电性）。

简言之，一个电池就像浸泡在电解池中的具有上述特性的两块电极。然而，在一个实际系统中，除了上述热力学屏障之外，还存在传输限制。离子必须从它在主基质中的指定位置移动到电极—电解质界面，通过一个或多个电化学反应将其转移到电解质中，然后在电解溶液相中迁移，并在另一个电极上发生逆过程。为了最大限度地提高电池的效率，离子的传输必须保持在最低限度。这是通过将电极尽可能靠近彼此而不进行实际的物理接触（电极直接接触将导致电子短路）来完成的。电极之间使用 $10 \sim 30 \mu m$ 厚的多孔聚合物膜作为间隔物。这种薄膜称为隔膜，通常由与电解质化学性质相容的聚合物制成（例如，聚乙烯或聚丙烯薄膜用于锂离子电池）。在某些电池设计中，隔膜还设计成导电离子，此时，隔膜和电解质就是一体的，这些电池被称为聚合物电池。一般来说，离子在主基质中的传输比在液体电解质中移动慢 $2 \sim 4$ 个数量级。为了利用这一事实，电极通常被设计成浸泡在电解质中的多孔膜，它们是由相应活性材料（碳、过渡金属氧化物等）的一层薄的（锂离子电池约 $100 \mu m$，金属氢化物电池约 100mil）多孔层涂到薄的金属箔或金属网上组成，从而将电子（或聚集电流）分布在电极上，以确保均匀利用活性物质。集电器本身的选择取决于其在工作环境下抵抗化学和电化学反应的能力，例如，在锂离子电池的阳极所接触的工作电压范围中，铜是稳定的，并且用作阳极上的集电器；而铜在阴极侧的高压下氧化，形成可溶的氧化铜。因此，铝箔在阴极上工作良好。关于材料选择的详细讨论可以在任何一本标准锂电池手册中找到[1,2]。

上述的电池组件可以以不同的方式包装：在阳极和阴极之间交替叠加分离层是一种通用的方法，特别是对于大尺寸锂离子电池。另一种方法是将电极的长线圈缠绕在中心磁心上。这种电极和隔膜的组合称为卷绕式（jellyroll），然后将卷绕式电极封装在一个软包或金属外壳中，通过金属薄片连接到电极上，从而方便电路其余部分的电气连接。

2.3 充放电电压特性

针对特定应用设计电池，可以深入理解电池内不同部件在规定的工作条件下如何工作，以及电响应如何与电池材料的热、机械和化学状态紧密相连，并从中受益匪浅。数学模型通常会简化这些分析，并为材料的系统设计和工程方面提供基础。本节提供了可用于描述锂离子电池电响应的各种数学架构概述，并为后续章节中对热和化学特性方面做更详细的讨论奠定了基础。

当过渡金属氧化物（例如 $LiCoO_2$）含有其实际能容纳的最大锂含量时，其 OCP 约为 2.5V（相对 Li/Li^+），这对应于蓄电池的完全放电状态。当电池充电时，锂逐渐从阴极中脱离，OCP 上升到 $4.2 \sim 4.5V$。另一方面，在阳极（具体而言为炭电极），当不存在锂时，电极的 OCP 对应约为 2V（相对 Li/Li^+）。当嵌入锂离子时，电压逐渐下降，直到电极含锂量完全饱和，此时离子开始以金属锂的形式析出，阳极的 OCP 下降到 0V（相对 Li/Li^+）。任何时刻，电池的测量电压都是阴极电压和阳极电压之差，因此在第一次充电开始时，电池电压约为

500mV；充电结束时，电池电压达到4.2～4.5V（具体取决于阴极材料的选择）。同样地，在放电过程中，电池电压开始从这个值下降到大约2V。阳极在完成第一次锂离子循环过程后，被调换到碳锂混合物中，该混合物在完全放电状态下，开路电压等于300mV。这些稳定阳极和电解质之间界面的磨合循环被称为电池形成循环。在这种恶劣的电压条件下，有助于防止电解质快速降解的界面膜称为固体电解质界面（SEI）层。一些可循环锂在电池形成过程中会丢失，但通常电池制造商会在制造电池时加入过量的锂来补偿这种损失。

2.4　电池等效电路

电气工程师通常将二极管、运算放大器（运放）等电路元器件表示为电阻、电感和电容的组合。这样的表示方式有助于理解性能限制以及进行设计计算，如图2.4所示。和图2.2相似，每个电极的OCP与其锂含量都有特定关系，电池的开路电压（V_0）为阴极和阳极的OCP之差（分别为U_c和U_a），即

$$V_0 = U_c - U_a \tag{2.2}$$

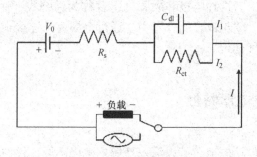

图2.4　一种通用电池电路图等效电路模型

因此，锂离子电池在任何给定时刻的开路电压均是每个电极内锂含量的函数。以电阻R_s与电压源串联表示电荷流通过电池时的所有接触电阻和欧姆阻抗。在电极-电解质界面，电荷或转移至离子，并穿过界面进入液相；或进行双层累积，类似于电容器。为描述两种物理现象，在欧姆阻抗部分增加一条包含电阻（R_{ct}）和并联电容（C_{dl}）的支路。电阻R_{ct}代表电荷转移过程中界面的势垒，电容C_{dl}对应于界面双层电荷的积聚（电极侧有电子，界面溶液侧有离子以补偿电荷平衡）。

图2.4可模拟含不同类型化学物质的电池的电性能。参数R_s、C_{dl}和R_{ct}通常是通过将电路方程［见式（2.9）］与所测电池的电流-电压响应结果进行拟合而得。图2.5显示了使用表2.1中参数所得的模拟结果与实验数据之间的对比

情况。

　　理解电池内部的动力学，然后简化为求解电路的基尔霍夫电流和电压方程。R_s 上的电压降遵循欧姆定律

$$V = IR_s \tag{2.3}$$

式中，I 是流过电池的净电流，分别通过 R_{ct} 和 C_{dl} 时分为支路电流 I_1 和 I_2。

　　基尔霍夫的节点-回路定理将流过电路不同支路的电流和流过每个支路的电压建立起联系，因此有

$$I = I_1 + I_2 \tag{2.4}$$

电容器中的电荷积累率等于流过电容器的电流，其数学表达式如下：

$$I_2 = \frac{dq}{dt} \tag{2.5}$$

　　基尔霍夫回路定理规定，任何支路上的电压都是支路上电压降的总和，并且进入或流出电路节点的所有电流的总和为零。对每个支路电压的约束产生以下方程式：

$$V_{Cell} = V_0 + IR_s + IR_{ct} \tag{2.6}$$

$$V_{Cell} = V_0 + IR_s + \frac{q}{C_{dl}} \tag{2.7}$$

　　为获得施加电流的变化与合成电压降之间的关系，可将式（2.4）~式（2.7）重新排列得

$$R_s \frac{dI}{dt} + \frac{1}{C_{dl}}\left(1 + \frac{R_s}{R_{ct}}\right)I = \frac{dV}{dt} + \frac{1}{R_{ct}C_{dl}}(V_{Cell} - V_0) \tag{2.8}$$

$$V_{Cell} = V_0 + \frac{Q_0}{C_{dl}}e^{-t/R_{ct}C_{dl}} + IR_s + IR_{ct}(1 - e^{-t/R_{ct}C_{dl}}) \tag{2.9}$$

　　参考文献 [3] 中详细说明了式（2.8）的求解过程。对于恒流情况，采用以下形式解决：

　　该方程将输入电流与电池电压之间的变化建立起联系。Q_0 为电池初始状态的可用总容量，充放电过程中，电池容量的变化通过对电流积分进行计算，如式（2.10）所示：

$$Q = Q_0 - \int_0^t I dt \tag{2.10}$$

　　用 P/V_{cell} 代替式（2.8）中的电流 I，可得到恒定功率负载时的类似结果，其中 P 是由外部负载决定的功率需求。各种输入信号下的电压与容量数据用于校准相关运行条件下的电路元件 R_s、R_{ct} 等，然后可通过列表描述电池在此负载下的性能。图 2.5 显示了表 2.1 中锂离子电池参数集的模型与实验数据的比较。

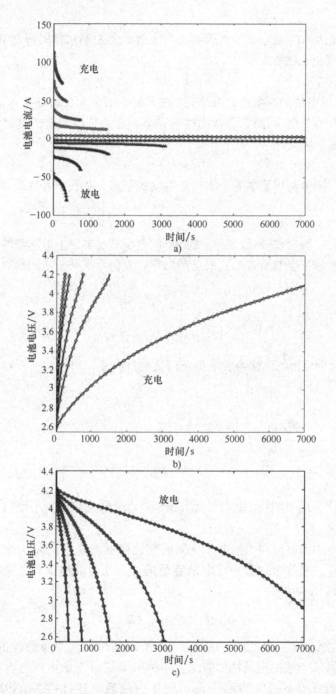

图 2.5　0℃下锂离子电池恒功率放电下等效电路模型的模型预测与实验数据
（上述曲线的功率分别设置为 10W、25W、50W、100W 和 200W；
圆点代表实验数据，实线代表模型预测）

表 2.1　图 2.5 中所示的电路等效模型参数[4]

参　　数	放　　电	充　　电
τ/s	5	5
C_{dl}/F	12500	16667
$R_s/m\Omega$	1.637	1.637
$R_{ct}/m\Omega$	0.4	0.3

　　采用电路图的方法描述电池特性是较为简单的，且获取模型的时间和资源方面的前期投资也最少，该方法在系统设计中也非常有效。在系统设计中，各个专业的工程师将电池视为具有一组特定电气特性的黑盒。这些模型可以很容易地扩展到电池组的设计中，在电池组中，多个电池以串联-并联配置排列，以满足负载要求。

　　若使用上述程序建立一组校准元件，电路编程中使用的商用软件（如 SPICE™）可以很容易地将锂离子电池调整为电路元件的一部分。但其缺点是电池内发生的不同物理现象过于简化：例如，在设计大型锂离子电池时，使用一个电阻或电容来表征整个电极表面发生的电荷迁移反应，并不足以准确地捕捉局部反应：电流在整个电极表面的分布并不均匀，电池内部不同部分往往以不同的速率升温和降温，电极的某些部分被过度利用，而其他部分则利用不足。此时，必须修改电路图，以适应涉及电池设计和材料参数选择的额外复杂情况。根据具体情况进行特殊的修改可能会很繁琐，而且用来生成相关校准曲线的实验数据量通常也很庞大。

2.5　电池的电化学模型

　　已经提出了一种方法化的公式，它将有助于将观察到的一组运行工况下性能指标以一个尺度或给定设计，并采用广为人知的物理定律已经提出了一种方法化扩展到一组不同情况。例如，测量电极的多孔性时，其电子导电性和电解质的离子导电性是温度的函数。如果可将这些独立参数与复杂电极的导电性之间建立关系，则此过程无需测量不同多孔电极在不同温度下的电阻。此类模型通常作为锂离子电池的物理学表示。

　　例如，式（2.3）中所示的欧姆定律方程的机械模型可以通过描述电阻参数 R_s 的物理测量特性来建立。如果以 R_s 表示铜线上的电位降，则需关注的性质是金属的电子导电性（Cu）、横截面积（A_{Cu}）和母线的长度（σ_{Cu}）。电阻 $R_{s,Cu}$ 与这些参数的关系如下所示：

$$R_{s,Cu} = \frac{L_{Cu}}{\sigma_{Cu}A_{Cu}}$$

（2.11）

故式（2.3）可重新表示为

$$V = I \frac{L_{Cu}}{\sigma_{Cu} A_{Cu}} \tag{2.12}$$

注意到式（2.12）可用于由已知电导率的任何材料制成的任何给定尺寸的电缆。然而，使用式（2.3）则要求每次更换母线时，要测量电阻参数 R_s。此外，使用机械模型可以找到更适合应用的材料（例如，导电性更好的母线）。现在着手开发这种机械模型来描述锂离子电池中常见的其他物理过程，例如在化学和电化学反应中，电极内电子运动以及电解质中的离子运动。

2.5.1 电极内电荷通过电子传递

电池的总电压 V_{Cell} 可以近似为跨电极的电位差、跨电解质的电位差和由接触电阻引起的其他损耗之和。在下面的章节中，下标 1 将用于表示电极中的属性/变量，下标 2 将用于表示电解质中的相应变量。并考虑式（2.12）中由于电子在金属电缆上的流动而引起的电位差。

为了能够将电导率等参数表示为局部环境的函数，采取微分公式，也就是说使用方程的导数形式。因此，由于电子的运动产生的电极上的电位差，其单位长度可使用欧姆定律的另一种形式表示为

$$\nabla \phi_{1,j} = -\frac{i_1}{\hat{\sigma}_j} \quad j = \text{n 或 p} \tag{2.13}$$

式中，i_1 为单位面积电流（称为电流密度）；$\hat{\sigma}_j$ 为电极 j 内电极材料的复合电导率（$j = \text{n}$ 表示为负极或阳极，$j = \text{p}$ 表示为正极或阴极）。

通常，一个电池电极由几种成分组成，如不同金属的固溶体或含有锂离子的活性材料的复合材料、将活性材料的颗粒粘在一起的黏合剂、以及其他成分。复合电导率修正了电极内这些附加组件的电导率，是单个组件的电导率之和，它与电极的组成成比例，为

$$\hat{\sigma}_j = \sum_k x_k \sigma_k \tag{2.14}$$

这里 x_k 是构成电极的单个组件 k 的摩尔分数，σ_k 指纯组件的电子导电性（例如 σ_{Cu} 代表金属铜的导电性）。或者，$\hat{\sigma}_j$ 可以在电极组装后直接测量，但是使用该参数搭建模型的实用性将局限于用于测量电导率的特定电极的设计。

2.5.2 离子在电解质中的电荷输运

电化学装置的一个独特的特点是电流通过离子传输。一旦电流通过电极并发生电化学反应，电荷从一个电极转移到另一个电极的运动就会被离子加强。离子运动的电荷传递比电子运动的电流传递机制更为复杂，通常电解质中存在几种离

子。电解质通过单位法向面积所携带的总电流 i_2 是每一种离子 k 所携带的电流之和。

$$i_2 = \sum_k i_k \tag{2.15}$$

每一种所携带的电流 i_k 与离子在电解质中移动的速度成正比。离子的运动速率称为其通量 N_k，与电流相关[5]

$$i_k = F \sum_k N_k \tag{2.16}$$

式中，比例因子 F 是法拉第常数（96487C），它是每摩尔离子所携带的电荷量。

一种特定类型的离子 k 通量可以定义为离子的数量或 k 的浓度和每个离子的速度

$$N_k = c_k v_k \tag{2.17}$$

电解质的浓度是一个容易测量的量（力学方程中的参数不一定要在电池内测量）；离子速度正比于它携带的电荷（z_k）和电解液中的电位梯度 $\nabla\phi_2$（它是电离子转移的驱动力）：

$$v_k = -u_k F z_k \nabla\phi_2 \tag{2.18}$$

式中，u_k 为离子的迁移率，由等效电导测量得到；负号表示离子从高电势区向低电势区移动。

式（2.15）~式（2.18）可重新排列得到[5]

$$i_2 = -\left(F^2 \sum_k c_k u_k z_k \right) \nabla\phi_2 \tag{2.19}$$

式（2.19）与欧姆定律［见式（2.13）］相似。电解液的电导率 $\hat{k}_j$ 如下：

$$\hat{k}_j = F^2 \sum_k c_k u_k z_k \tag{2.20}$$

如前一节所述，式（2.20）将组成离子 k 的性质与电解液在电极 j 中的电导率联系起来。因此，了解电解液的组成，就可以对电解液中离子的运动进行建模，或者可以通过实验测量电导率 $\hat{k}_j$ ［见式（2.20）］，但是其局限性类似于式（2.14）。

在推导式（2.19）中，隐含的假设是电解质的浓度在整个电池内是均匀的，排除了单体电池内存在浓度梯度的影响。然而，这一假设在大容量锂离子电池中并不严格有效，可以通过使用 Fick's 扩散定律，将浓度差异引起的通量项结合起来，从而容易得到简化。式（2.17）可变为

$$N_k = c_k v_k - D_k \nabla c_k \tag{2.21}$$

式中，D_k 为离子 k 的扩散系数。上面的等式典型地代表了稀电解溶液的情况。一般来说，只要解出锂离子的浓度即可，更复杂的模型考虑了电解液中多个离子的相互作用以及温度对电解液导电性的影响。

2.5.3 电极和电解质之间的电荷转移

如上所述，电荷在电极内由电子携带，在电解质中由离子携带。电荷由离子转移到电子或由电子转移到离子，这与任何化学反应都是类似的。化学反应的速率表达式表明，化学物质出现或消失的速度与参与电极表面反应的单个物质的可用性有关；此关系中的比例常数是动力学常数，动力学常数决定此反应发生的速度快或者慢：

$$\frac{\mathrm{d}c_k}{\mathrm{d}t} = kf(c_j) \qquad (2.22)$$

式中，c_k 为研究的物质种类；函数 f 与所有参与物质的浓度 c_j 有关。

反应工程学标准教材[6]讨论了求解这些表达式的过程以及如何在反应堆设计中使用这些模型。

对于锂离子电池，在电极-电解质界面有一个电化学反应：除了电极表面的独特化学物质的可用性之外，电极表面和界面附近电解质之间的电压差（即表面上的 $\varphi_1 - \varphi_2$）可用作控制反应速率的另一个按钮。为反映这种变化，速率表达式（2.22）应进行相应的修改，反应速率的指数取决于可用能量（在本例中是电压差按适当单位缩放）。用来捕获这种依赖性的最常用的表达式是巴特勒-伏尔默方程[7]

$$i_j = Fkf(c_j)\left\{\exp\left[\frac{\alpha_{a,j}F}{RT}(\varphi_{1,j} - \varphi_{2,j})\right] - \exp\left[-\frac{\alpha_{c,j}F}{RT}(\varphi_{1,j} - \varphi_{2,j})\right]\right\} \qquad (2.23)$$

式中，$\alpha_{a,j}F/RT$ 为一个比例因子。

对于参考值来说，在巴特勒-伏尔默表达式中表达浓度和电位通常比较方便，例如电位参考各电极的 OCP，浓度值参考诸如电导率和扩散率等已知的特性。在这种情况下，式（2.23）就变为

$$i_j = i_{0,j}\left\{\exp\left[\frac{\alpha_{a,j}F}{RT}(\varphi_{1,j} - \varphi_{2,j} - U_j)\right] - \exp\left[-\frac{\alpha_{c,j}F}{RT}(\varphi_{1,j} - \varphi_{2,j} - U_j)\right]\right\} \qquad (2.24)$$

式中，$i_{0,j}$ 为交换电流密度，且结合了所有浓度依赖性

$$i_{0,j} = Fkf\left(\frac{c_j}{c_{\mathrm{ref}}}\right) \qquad (2.25)$$

$\varphi_{1,j} - \varphi_{2,j} - U_j$ 表示界面上的能量势垒与平衡条件的偏离量，通常被称为过电位 η_j。

过电位的值越高，电池电压响应与理想值的偏差越大。例如，在较高的放电速率下电池中发生的压降，比在较低倍率的放电电流下看到的要多。这是因为，电流增加，离子的传输速率不会线性增加（就像欧姆导体定律中会产生的情况）。离子的浓度（和稀释度）在电池的特定部分会产生一些过电位，而这些过

电位反过来又会导致额外的电压降落。同样，极少涉及工作离子电镀的电池化学反应（如铅酸电池）中，过电位的积累导致反应发生时（存在时）电位的变化（如果离子过量或离子供应过剩，则改变电极/电解质界面附近的化学势，从而电荷转移反应的能量学被改变。）。

2.5.4 离子分布

如上所述，对于大尺寸锂离子电池，必须考虑电池不同区域反应速率的不均匀性。为此，使用式（2.17）~式（2.25）中离子浓度的局部值。利用 Fick's 扩散定律计算离子浓度的局部值为

$$\frac{\partial c_k}{\partial t} = -\nabla N_k + R_k \tag{2.26}$$

上述物质平衡方程中使用的通量与之前的定义一致 [见式（2.21）]。R_k 是指锂离子是在电极或电解液中发生的单独的化学反应中消耗或产生的，而不同于电池的正常功能。在电极-电解质界面，离子浓度的变化是由于电化学反应，因而使用了巴特勒-伏尔默方程式（2.24）。

对于电池电解质，必须考虑工作离子（如电池中的 Li$^+$ 离子）和其他支持离子（如电解液中的 PF$_6^-$ 阴离子）之间的相互作用。这些相互作用对于预测电池在大范围温度下和高功率运行时的性能尤其重要。像这样的复杂性通常通过定义考虑此类交互的复合属性来处理，在这种情况下，式（2.21）对于流量必须进行相应的修改

$$\hat{N} = c\hat{v} - \hat{D}\,\nabla c \tag{2.27}$$

在式（2.27）中，扩散系数被解释为有效性质，其中相互作用已经被考虑在内。速度 $\hat{v}$ 与电解质内的有效场有关，通常用输运数 t_+^0 表示，t_+^0 是工作离子携带的总电流的一部分。

$$c\hat{v} = (1 - t_+^0)\frac{i_2}{F} \tag{2.28}$$

因为电池组件是浸泡在电解质中的多孔固体块，扩散率和电导率的值必须根据几何效应来修正。这些修正引入了包括形状因素在内的有效的传输特性，比如电极和分离器的孔隙率 ε 和弯曲度 τ

$$\theta_{\text{eff}} = \varepsilon\theta^{(\varepsilon/\tau)} \tag{2.29}$$

类似温度相关性的修正在第 3 章中讨论。如式（2.29）所述的有效性能和式（2.14）所述的复合性能的应用，使机械模型能够与易于测量的实验数据结合使用。图 2.6 显示了在宽工作温度范围内利用物理模型得到的实验数据与模型预测数据的对比。在各种设计条件下使用一组参数的能力，也是几何效应与不同组件的组合解耦的直接结果。

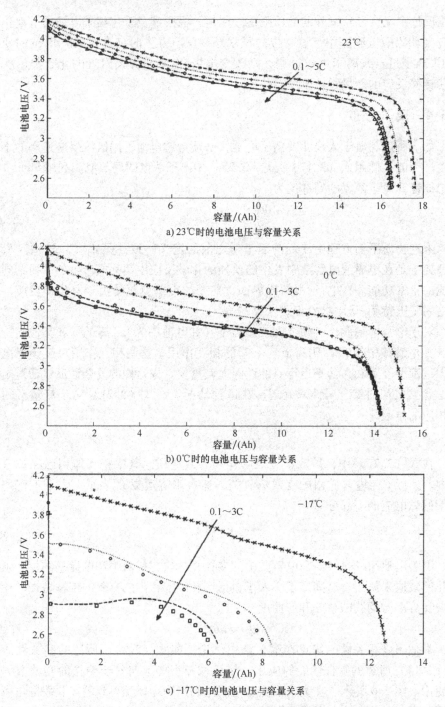

a) 23℃时的电池电压与容量关系

b) 0℃时的电池电压与容量关系

c) -17℃时的电池电压与容量关系

图 2.6   基于物理模型的模拟结果与实验数据的比较

（这些符号表示在三种不同温度下从 16Ah 标称容量的电池中得到的实验数据）

机械建模方法也有局限性：解决联立方程组式（2.11）~式（2.29）比电路绘图方法要更费时间。实验测量的参数很多，最重要的是，动力学和传输方程的有效属性和近似值的使用限制了这些模型在设计具有一系列已知性质材料时的效用，例如与量子力学计算相结合。

模型的选择通常由所需的应用决定，一般情况下，在电池设计阶段对电解质的导电性或电极的孔隙率等参数进行微调。因此机械模型在电池设计阶段并不可行，例如，在确定电池的化学性质或使电池的可用功率最大化时的设计阶段。电池组制造商和系统集成商倾向于使用电路模型的原因有两个：①在这种情况下，可用的信息量是有限的，获取详细的机械评估参数既耗时又多余；②一旦设计出具有所需性能的电池，不管是在电池对给定负载响应的后续放大过程中还是制造电池组，这些电池与应用中涉及的其他电子元件类似。在任何情况下，在使用仿真得出的结论之前，必须仔细研究数学模型背后的假设。

2.6 锂离子电池的电气特性

电池组装后，制造商将电池进行一组如前所述的磨合或形成循环，从而使系统稳定。之后将电池充电至标称容量的 50% 左右，最后再装运给最终用户。以下是在应用中使用前对电池进行的一组基本电气测试。本节中概述的协议是行业中常用的指南；但是，电池供应商规定了不同温度下电压的截止值、充电或放电期间的最大允许电流以及电池在给定电流或电压下的持续使用时间。

2.6.1 容量测量

电池的额定容量以 Ah 为单位；电池组的默认规格是容量，以 kWh 为单位并附带一组工作电压值。首先将电池放电至制造商建议的最小电压，测量电池的可用容量。然后，电池充电至制造商规定的最大电压，并 100% 放电。充电步骤是以制造商指定的标称容量作为参考值，先进行 2h 的恒流充电，然后将电池保持在最大充电电压，直到电流值降至初始充电电流的 10%。例如，如果电池的额定容量为 40Ah，则在 20A 下充电，然后在最大电压下保持，直到电流降至 2A。放电也使用初始充电电流进行。一般而言，工作在低放电率条件下的新电池容量高于其标称容量，因此放电步骤可能会持续 2 个多小时。然后，通过对放电持续时间内的电流进行积分来计算可用容量。重复上述步骤，直到电池的可用容量达到稳定值，此过程通常需要 5~10 个循环。

荷电状态（SOC）是使用上述程序测量的在给定时刻可用容量的百分比。一些制造商和原始设备制造商规定了跨特定电压范围的测量容量，用作100%SOC和0%SOC。在1小时内，电池完全从100%SOC放电至0%SOC的电流称为1C倍率。其他倍率下的电流被确定为规定倍率与1C倍率下的电流之间的乘积：例如，在2C时，电流是1C倍率下的两倍，理想情况下，电池可以在一半时间内完全放电。下一系列的测试包括以不同的C倍率下测量可用能量，这些测量给出了电池的功率容量的概念。给定温度下的最大充电和放电倍率由电池制造商规定。一组典型的测试数据如图2.7所示。除这些恒流测量外，电池还以预先规定的功率放电，如图2.5所示。

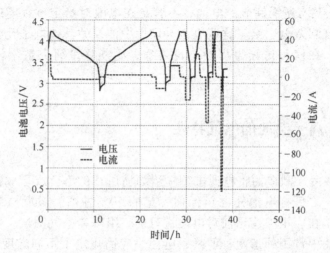

图2.7　对电池的校准用于校准电路参数，并了解电池的能量或功率

2.6.2　功率测量

电池在短时间内提供高功率的能力在许多应用中非常重要。

传统上，电池的功率密度与拉格朗日图中的可用能量度相对应（见图2.8），然后用于能源转换决策。在这个例子中，阴极的厚度作为一个设计参数变化，而电极的孔率和电池容量保持不变。电池在规定时间内提供功率或能量密度预先设定值的能力沿对角线测量。蓄电池将经历充电/放电循环，在该循环中，恒流放电穿插着短时间、大电流脉冲。这些测试用于确定电池在特定充电状态下提供所需功率的能力，混合脉冲功率容量（HPPC）测试和动态应力测试（DST）是一些常见的例子，这些测试的一整套测试程序见文献［8］。根据对驱动模式的统计分析，可以对电池组进行一系列功率需求/输入组合的特定测试。例如，当车辆处于城市动态行驶计划（UDDS）下时，可以使用模拟电池供电要求的电源循环。第6章和第7章讨论这种特定应用的测试计划。

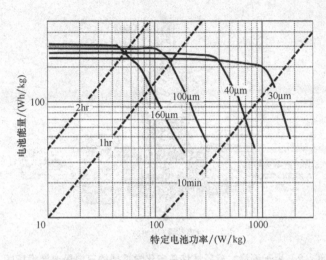

图2.8 用于分析不同设计条件下锂离子电池能量与功率能力的典型拉格朗日图

2.6.3 成分表征

为了利用本章前面讨论的数学模型，必须从单个组件的测试中获得相关的参数集。各层的尺寸等设计参数可以直接测量；而多孔性和弯曲性必须通过加载测试（g/cm^2）和多孔性固体标准相关性的使用来估算（示例参见参考文献[9]）。为了测量材料在单个电极上的性能，标准做法是装配一个三电极电池。该试验装置（见图2.9）基本上包括了一个从阴极和阳极中冲压出的电极材料小圆盘，布置在密封的电池中，以使每个电极足够靠近一个金属锂箔，该金属锂箔可用作参考电极，从而使两个电极（即参考电极和感兴趣的电池电极）之间的欧姆损失是最小的。图2.9 显示了一种使用 Swagelok™ 配件的常用三电极电池设计。阳极和阴极是从感兴趣的实际锂离子电池的电极上冲出的圆盘，并尽可能靠近彼此放置在与第三个参考电极（即一块锂箔）密封在一起的 Swagelok™ 型接头内。每个电极盘上都有一层隔离层，以防短路，电极之间的空间被电解液浸泡。当电池电压设置为阳极和阴极之间所需的值时，此设置可以测量单个电极的属性。

下面简要介绍本章讨论的一些其他电气参数的测量方法。

1. 开路电位

单个电极的 OCP（见图2.3a）通过同时监测阳极和参考电极之间以及阴极和参考电极之间的电位同时测量。在最初的几个形成周期之后，电池将经历非常缓慢的放电速率，电流保持在 C/30 或更低的值。在不同的温度下进行类似的测量，以根据主体材料随温度保持锂的能力变化（即熵变化）校正 OCP 的影响。

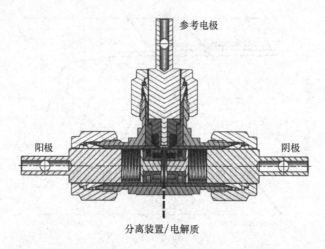

图 2.9　用于测量本章所述许多电化学性能的三电极电池示意图

2. 电导率测量

对于电极，使用标准的四探针法测量电子电导率：将四个等距（约 1mm）已知尺寸的金属块放在由预定弹簧负载支撑的电极上，以确保充分接触。高阻抗电流源用于提供穿过外部探针的已知电流值，并测量穿过内部探针的电位差以确定电导率。有关仪器的更多详细信息，请参考可用标准（例如 ASTM F390）。使用便携式电解质电导率仪测量电解质的电导率，校准测试装置、温度补偿和高电池常数（10 或更高）是选择合适的电导率仪的先决条件。对于传统的锂离子电池电解质，材料兼容性是一个额外的问题。

3. 扩散率测量

电解质中锂离子的扩散率（D_2）与使用 Stokes-Einstein 关系的电解液的黏度有关

$$D_2 = \frac{kT}{6\pi r\eta} \tag{2.30}$$

式中，k 为玻尔兹曼常数（$1.3806488 \times 10^{-23}$ m²kg/（s²K））；r 为离子半径（68pm）；η 为温度 t 下的黏度。

或者，可以引入不同浓度（因此质量密度也不同）的溶液，以产生锂离子在离电极表面不同距离上的浓度和分布。通过折射率测量可以监测电极表面（见文献 [10，11]）。然后，可以将这些数据与式（2.26）和式（2.27）一起用于反计算电解质内的扩散率。

锂在电极内的扩散率（D_1）可用电流或电压扰动技术测量，其中在弛豫过程的时间常数是扩散率的量度。以下步骤总结了滴定技术：

1）具有参考电极的电池在预定电压下平衡。

2）引入电流脉冲，使时间常数 R_s^2/D（R_s 是组成电极的粒子的半径）远大于脉冲的持续时间 t^*。脉冲的典型振幅设置为 2C 的电流。

3）在高采样率（kHz）下监测电压响应。典型响应曲线如图 2.10 所示。

4）然后利用以下关系计算扩散率

$$D_1 = \frac{4}{\pi t^*}\left(\frac{R_s}{3}\right)^2\left(\frac{\Delta V_a}{\Delta V_b}\right)^2 \tag{2.31}$$

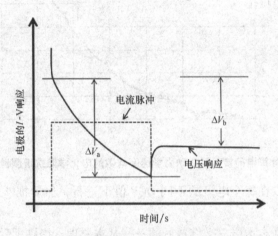

图 2.10　根据 GITT 数据计算固相扩散系数

（电池受到已知量级的电流脉冲，测量电压 V_a 和 V_b 的下降。

扩散系数使用文中显示的式（2.31）计算）

对应于 ΔV_a 和 ΔV_b 的电位降值如图 2.10 所示。上述方法采用固定电流脉冲，称为恒电位间歇滴定法（GITT），电压脉冲用于电位间歇滴定技术（PITT）。

4. 反应速率常数

频域分析是一种常用的电子电路分析工具，在电化学系统的表征中也有一定的应用。通常，电池的电路图（见图 2.4）与围绕平衡电压的系列正弦扰动一起使用，并使用电化学阻抗谱（EIS）技术测量相应的扰动电流[12]。典型响应如图 2.11 所示。电池内的电子和离子传输等不同过程的响应时间从 μs 到几天不等。目标过程，正弦输入的频率从兆赫兹变化到微赫兹不等。一般来说，为了测量反应速率常数，目标的频率在 1MHz～100MHz 之间；奈奎斯特响应对应于典型 RC 电路的半圆响应，其在 x 轴上的截距是电荷转移电阻（RCT）。然后使用以下表达式计算交换电流密度

$$i_{0,j} = \frac{RT}{FR_{ct,j}} \tag{2.32}$$

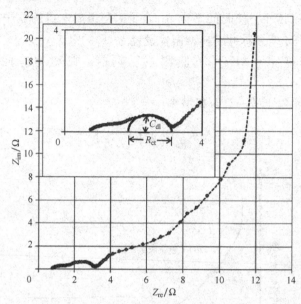

图 2.11 用于计算电荷转移反应动力学速率常数的电化学阻抗谱测量的奈奎斯特图

这些测量可以在每个电极的不同 OCP 值下进行，然后推断式（2.25）中所示的浓度依赖性。

本章讨论了基本术语、操作背后的一些基本原理，提供了后续分析中使用的数学框架，并讨论了一组用于校准锂离子电池电性能的常用实验测量技术。接下来的几章将讨论更详细的案例研究和与应用相关的示例，这些章节中的每一章还提供了关于特定上下文中有关建模和测量技术的额外讨论。

参 考 文 献

[1] Pistoia, G. (ed.). *Handbook of Lithium-Ion Batteries Applications,* Netherlands: Elsevier, 2013.

[2] Yuan, X., H. Liu, and J. Zhang (eds.). *Lithium Batteries: Advanced Materials and Technologies,* Boca Raton, FL: CRC Press, 2012.

[3] Malvino, A., and D. Bates. *Electronic Principles,* 7th Edition, New York: McGraw-Hill Science and Engineering, 2006.

[4] Verbrugge, M. W., and R. S. Connel. "Electrochemical and Thermal Characterization of Battery Modules Commensurate with Electric Vehicle Integration," *Journal of the Electrochemical Society*, Vol.149, No. 1, 2002, pp. A45–A53.

[5] Newman, J. S., and K. T. Alyea. *Electrochemical Systems,* 3rd Edition, Hoboken, NJ: Wiley Interscience, 2004.

[6] Levenspiel, O. *Chemical Reaction Engineering,* 3rd Edition, Hoboken, NJ: John Wiley and Sons, 1998.

[7] Bockris, J. O'. M., A. K. N. Reddy, and M. E. Gamboa-Aldeco. *Modern Electrochemistry,* Volume 2A: Fundamentals of Electrodics, 2nd Edition, New York: Springer Science, 2001.

[8]　USABC Electric Vehicle Battery Test Procedures Manual, http://www.uscar.org/guest/article_view.php?articles_id=74.

[9]　Whitaker, S. *The Method of Volume Averaging,* Series: Theory and Applications of Transport in Porous Media, Vol. 13, Dordrect, Netherlands: Kluwer Academic Publications, 1999.

[10]　Hafezi, H., and J. Newman. "Verification and Analysis of Transference Number Measurements by the Galvanostatic Polarization Method," *Journal of the Electrochemical Society*, Vol. 147, No. 8, pp. 3036–3042, 2000.

[11]　Newman, J., and T. W. Chapman. "Restricted Diffusion in Binary Solutions," *AIChE Journal*, Vol.19, No. 2, 1973, pp. 343–348.

[12]　Orazem, M. E., and B. Tribollet (eds.). *Electrochemical Impedance Spectroscopy,* ECS Series of Texts and Monographs Series, Hoboken, NJ: John Wiley & Sons, 2008.

第 3 章

热 性 能

电池相当于对温度高度敏感的催化化学反应器。环境温度和电池内的发热速率对电池内部反应的选择性以及参与电池正常反应的不同物质的稳定性有很大的影响。这是一个特别重要的话题，因为单体电池和电池组的尺寸不断增加，以满足高能量及高功率应用的需求。例如，已有资料证明美国不同城市之间的气温差异可以使电动汽车中使用的电池寿命相差达 4 年之多。考虑到运行环境中的极端情况，电池的热管理是一个热门的研究领域，它对电池越来越多的用于电网和交通运输等大规模应用领域产生持久的影响。在本章中，列出了一些电池的产热机理和传热原理，并列举说明了一些设计实例。

3.1 电池的产热

即使电池被看作将化学能直接转化为电能的装置，然而由于组成电池的不同部件之间的效率不匹配，会造成一些不可避免的能量损失。这些能量损失通常以热量的形式表现出来。最常见的例子是焦耳损耗——电子不能像它们穿过铜片一样快速地穿过塑料薄膜，因此，动能以热量的形式消散了。同样地，当反应物和产物生成的热量不同时，能量差通常以热量的形式呈现。类似的概念也适用于离子的运动，因此锂离子电池中有多种热源。因为不同热源有不同的散热策略，所以重要的是识别和描述每种热源，如本章的其余部分所述。

3.1.1 焦耳热的产热

如前所述，焦耳热是由于电子不能按要求的速度移动（由于外电场和电位梯度的存在）而产生的。这种工况下的发热量，即外电场以及不同组件的电子电导率构成的函数[1]

$$p = i^2 R = \sigma (\nabla \phi_s)^2 \tag{3.1}$$

式中，σ 是电导率（S/m）；$\nabla \phi_s$ 是给定的电流密度下的电压梯度（V/m）。

从式（3.1）可知，电位梯度越高，发热速率越大。因此，在电池的充放电倍率较高时，焦耳效应占主导地位。当电池处于储能状态或者电池中电流很小时，其他形式产生的热量占主导地位。类似的，如果电池组件是良好的电子导体，这有助于减少电子穿过电池不同部分所产生的电位梯度。锂离子电池最常用的阳极材料是碳基材料，而碳的电子电导率比陶瓷型阴极活性物质高两个数量级。因此，与阳极相比，阴极材料产生的电位梯度往往更高。除了提高阳极的电子电导率之外，炭黑添加剂也可减小电位梯度。

离子的运动也会产生类似的热效应，只不过是在更大的范围之内。离子比电子体积大（大约是电子体积的 15000 倍），因此移动较大电荷的效率要低得多。与电极内电子电导率 σ 相对应的电解液的本构性质，即电解液中的离子电导率 k。离子体积增大的另一个副作用是它们的运动速度往往会比电子更慢，这种缓慢的运动通常会导致离子在电池的选择性区域堆积过多，导致电解液中某些部分离子浓度过高，而其他部分的离子浓度不足。这些浓度差为离子从占有率较高的区域转移到不足区带来了额外的驱动力。存在相应的扩散系数 k_D，其驱动力是离子浓度的梯度。

总结这两种现象的作用，得到下面的电解液中产生的焦耳热的表达式：

$$q = i^2 R = \varepsilon' k (\varepsilon' k \nabla \phi_e + k_D \nabla \ln c_e)^2 \tag{3.2}$$

式（3.1）和式（3.2）的区别是后者中存在孔隙度项。这意味着电极和/或隔膜的孔隙度 ε 可用作设计旋钮，以调整离子运动时产生的热量。因此，为大功率应用设计的电池［例如插入式混合动力汽车（PHEV）］通常孔隙度更大。另一个要改变的参数是电解液的电导率：电解液中盐和溶剂采用适当的比例，或通过使用添加剂来实现。这两种情况的目标都是确保电解液的黏度在适当的范围内，以最大限度减少由于黏性耗散而产生的过多热量。在优化这些参数（孔隙度或电解液电导率）时，电池工作的最佳热环境和其他功能之间往往存在一种权衡，即：在离子电导率方面，确保有足够的离子来运输电荷；在电极孔隙度方面，保证电池在给定体积内的可用能量最大化。

3.1.2 电极反应的产热

通过电池的电流由电极内的电子和电解液中的离子移动产生的。在电极和电解液之间的每个界面上，在界面处的电化学反应期间，两个载体之间发生了电荷转移。由于电荷转移过程的效率较低，与这些反应相关的部分动能以热量的形式消失了。每次在电极-电解液界面发生电荷转移时，由于在电荷转移前后电极（和电解液）中自由能的差异，界面内就会产生相应的电位。这个电位是单位电荷穿过界面所做的功的量度，它的单位是伏特（也就是焦耳/库仑）。电荷转移的效率不高，主要是由于界面两侧能量的差异造成的。因此，该反应的生热速率为

$$q = \sum_j a_s i_j \eta_j \tag{3.3}$$

式中，过电位 η_j（焦耳/库仑）与面积比例反应速率 $a_s i_j$（安培/体积）的乘积是每单位体积每秒释放（或消耗）的能量总量的度量。如上文第 2.5.3 节所示，过电位越高，电池的平衡性能偏差越大，如式（3.3）所示，造成这种偏差的原因之一是产生的额外热量。

虽然动力学效应取决于目标应用的功率要求，类似于焦耳效应，但是反应热的这种依赖性随电池中的剩余可用能量的变化而变化。这就可以将给定电池的工作范围用作调整发热量的大小的旋钮。另一个参数是动力学速率常数；改变速率常数相当于提高在界面处反应的电荷转移效率，从而最大限度地减少热量损失。实现这种改变的最好办法是对电极粒子进行表面改性。

3.1.3 熵变产热

锂离子在电极内的嵌入嵌出导致了晶体结构中原子排列的变化，进而原子之间产生了相互作用。从实际角度看，这些变化是可逆的；但是，这些现象会导致一些能量损失。这些与不同物质的排列有关的损失称为熵热，熵热的改变通常通过过电位的修正系数被纳入到热生成计算中

$$\eta = \eta_{\text{ref}} - \left(\frac{\partial U}{\partial T}\right)_{T_{\text{ref}}} (T - T_{\text{ref}}) \tag{3.4}$$

式中，U 是参考温度 T_{ref} 下电位的平衡值，是根据给定材料成分的吉布斯自由能计算得到的。

如式（3.4）所示的熵，假设每个电极的平衡电位随温度线性变化，考虑到熵的贡献相对于电池在正常工作情况下的动力学或焦耳热来说很小，这种近似是合适的。熵热是材料的一种特性，因此，控制该项的关键在于电极材料的选择，该量的评估可以作为材料选择过程中的一项筛选测试。

图 3.1 显示了在一组特定的设计参数下模拟的尖晶石电池中这些不同机制所产生的热量比较。焦耳效应（即电极中产生的欧姆热和接触电阻）通常在大功率需求期间在电池内的发热中起主导作用。对于图 3.1 中显示的 16Ah 电池的恒流放电，平均焦耳加热速率约为 20W。该值在放电结束时略微增加（即 DOD≥80%），因为电极在这些化学成分下更具电阻性；但是，这些值在大部分放电持续时间内保持不变。因此，由所产生热量的积分计算的温升具有相当稳定的斜率。另一个值得注意的结果是，反应热的正负（放热或吸热）取

决于反应产物和反应物的标准生成能，因此反应热的净产热项可以是正的，也可以是负的。

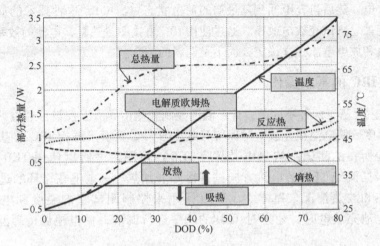

图 3.1　以 2C 倍率放电的电池内各种发热项的比较[⊖]

为了实现高效的电池设计，必须在本节概述的不同策略之间取得平衡。例如，大的导热区域有助于消散欧姆热。然而，在大型电池中，电极区域内活性物质利用率不均匀的情况非常普遍；因此，电极的某些部分（尤其是靠近电池片的区域）最终流过的电流比其他部分要高。由于其他因素如箱体的热导率、电池正负极的位置、或者模块中电池单体的尺寸和相连接位置，在模块或封装层产生的热量在空间上可能仍然不均匀。

3.2　热参数的实验测量

通常使用量热法来测量与电池设计相关的热参数。本节概述了锂离子电池的基本工作原理及表征其热性能常用的不同类型设备。与电池安全相关的方面将第4 章概述。

3.2.1　电池等温量热仪

电池等温量热仪（Isothermal Battery Calorimeters，IBC）为被测电池提供临界发热量和效率数据。通过了解电池产生多少热量，制造商可以设计一个冷却系

⊖　为清楚起见，图中没有显示电极和触点的欧姆热，因为这些数值比模拟条件下的其他热源高得多。

统，使电池在一定温度范围内运行，从而延长电池的使用寿命并提高运行安全性。在 IBC 出现之前，电池制造商只能通过电子测量来估计电池的循环效率——电池先放电，然后再充电回到其最初的荷电状态（SOC），这种技术的局限性在于它不能独立测试充放电效率。通过使用 IBC 直接测量热量，电池的效率可以由充电电流和放电电流独立确定，而不是两者的结合。

3.2.2　IBC 的基本操作

IBC 主要基于两种不同的设计：温度控制和热传导。温控设计通过调节被测电池的温度，使电池在充放电时保持等温。图 3.2 显示了温控 IBC 的基本示意图，电池所在的测试室被热电装置（TED）包围，之所以使用 TED 是因为它们能根据流经 TED 的电流方向进行冷却和加热——电池在循环的过程中会经历吸热和放热情况。基本上，TED 是用来控制测试室的温度和电池的温度。当电池充放电时，通过对 TED 的功率进行调节，使电池保持等温。

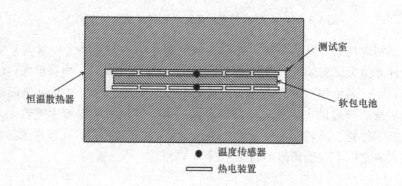

图 3.2　温控 IBC 示意图

在不同的测试条件下，TED 维持温度所需的功率差根据已知的进出腔室的热流进行校准。这种设计的主要局限性是，用于 TED 控制的电池温度仅限于有限数目的温度传感器。此外，它只能测量电池的表面温度，因此电池不是真正等温的，只有电池表面被认为是等温的。然后对温度的非均匀性进行校准之后，在正常运行情况下（例如在电池组内）测量反应热。

第二种 IBC 是热传导 IBC，热传导量热仪的示意图如图 3.3 所示。热传导量热仪检测电池和散热片之间的热通量，如果电池比散热片更热或更冷，则热量在散热片和样品之间流动。在实际应用中，样品和散热片之间的路径的热导率与预期的热流相匹配，从而使电池和散热片之间的温差最小化。散热片的温度保持恒定，恒温浴将量热仪与周围环境隔离。散热片的温度控制以及电池和散热片之间的路径的热导率的适当匹配，构成了被动等温测量条件。用一组 TED 测量被测电池和散热片之间的热流，TED 上的温差产生了与已知热流成比例的电压。这种 IBC 的局限性在于测量的热量取决于量热计室的规模（时间常数）：量热计室越大，电池中产生的热量与 TED 所感测到的热量之间的时间差就越大。另一个局限性是电池在高充放电电流下不是等温的；将电池耦合到测试室墙壁可以减缓温度变化但不能消除温度变化。

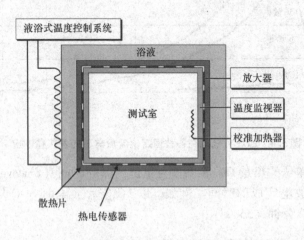

图 3.3　热传导 IBC 的示意图

图 3.4 显示了在一定电流范围内被测电池的典型 IBC 响应，这种特殊电池用于 PHEV 应用。量热计生成的热曲线本质上是功率（电池产生的热量）与时间的关系；测试应在量热计和被测电池处于等温状态时开始和结束。电池充放电时产生的热功率（dQ/dt）被集成来确定测试过程中电池产生的热量 Q。无论热量来自电池的熵热还是焦耳热，总热量由瞬时热功率的时间积分来测量 Q。式 (3.5) 显示了如何计算被测电池释放的热量。

$$Q = \int (P_{\lll}) \, dt \tag{3.5}$$

然后，电池在恒流充放电循环中的能量效率可由下式确定：

$$\eta = 100 \left[1 - \frac{Q}{E(\text{Input/Output})} \right] \tag{3.6}$$

电池内产生的热量是由于电池中的 $I^2 R$ 损失以及由量热计测量的电池内的化学变化所致。E 是在测试周期内电池吸收或发出的电能，产生的热量和电能都是以焦耳为单位的。电池以瓦为单位的平均热耗率由以下公式确定：

$$\text{HeatRate}_{\text{Cell}} = \frac{Q}{\text{Time}_{\text{Cycle}}} \tag{3.7}$$

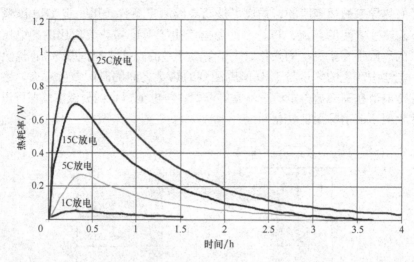

图 3.4　PHEV 电池在各种恒定电流放电下的发热量响应⊖

以焦耳为单位的热量 Q，除以秒为单位的循环时间（timecycle）。循环时间是电池充电或放电完成的时间。例如，以 1C 倍率放电时 SOC 从 100% 放电到 0% 大约需要 60 分钟（3600s）。

3.2.3　IBC 的典型应用

如前所述，IBC 在许多应用中用以表征电池的热性能，本节概述了一些示例。

1. 效率和发热量

由电池量热仪生成的典型发热曲线如图 3.5a 所示，该图显示了环境温度条件和施加到电池上的电流大小对发热量的影响。图 3.5b 总结了相关的效率损失。电池制造商可以使用这些数据来设计热管理系统，使电池组维持在所需的温度范围内，防止电池组过热。调节电池组的工作温度至关重要，因为它会影响性能（功率和容量）、充电接受能力（在蓄热制动期间）、寿命、安全性以及车辆运行和维护费用。

2. 电池的熵热

IBC 是用于测量被测电池的焦耳热和熵热的。当电池的荷电状态从 100% 放电到 0% 时，电池会经过几次结晶相变，如图 3.6 所示。图 3.6 中的电池以极低的电流放电以限制电池的焦耳热，电池在约 3h（相当于 70% SOC）时经历吸热转变。

⊖　所有电流的放电量均为 100% SOC 至 0% SOC。

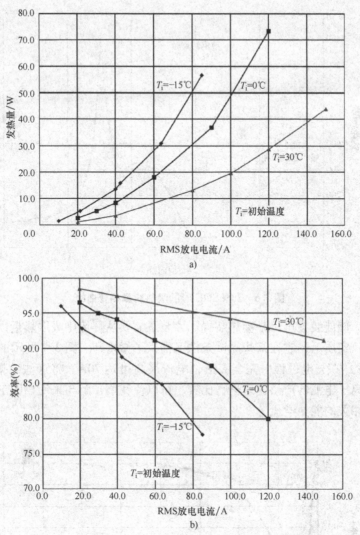

图 3.5 不同放电电流和温度下电池的发热量和效率曲线⊖

在经过结晶或任何其他相变中，经历相变的物质会膨胀和收缩。在大多数情况下，电池的设计目的是为了减少在有限循环次数内相变过程中的损坏。

但是，电池的设计通常不是为了在各种应用中可能发生的相变中进行重复循环而设计的。了解 SOC 范围内相变发生的位置后，电池制造商可以设计控制策略，来防止这一点上的重复循环。最后，通过调整控制策略，防止电池材料（阴极和阳极）产生裂纹，降低电池的保修成本和寿命周期成本，同时提高储能系统的可靠性。

⊖ 此关键信息用于调节电池在使用过程中的温度。

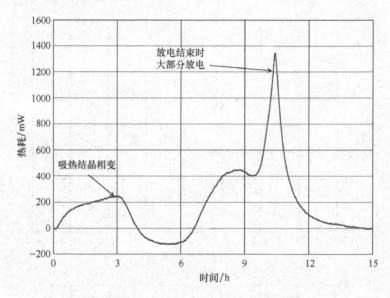

图 3.6　70％SOC 时的吸热结晶相变曲线

此外，储能装置可以是吸热装置。该装置需要从环境中吸取热量以维持内部化学反应，实质上，它在某些测试条件下提供了微冷却。图 3.7 所示的锂离子电容器（LIC）在充电过程中完全吸热，电流最高可达 70A。将这些结果与图 3.1 所示的锂离子电池的产热速率进行比较，可以使我们了解与采用相同工作离子的两种装置相关的能量学概念。

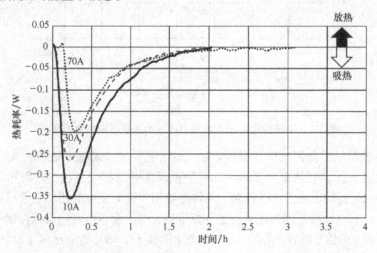

图 3.7　量热计对 LIC 的响应[⊖]

⊖　LIC 在高达 70A 的充电电流下完全吸热。

了解被测设备的熵特性之后，可以根据设备的循环方式或充电方式来设计热管理系统。如果此设备由电动汽车应用的壁装插座充电，则可能不需要冷却系统——充电时会对电池组进行冷却，从而最大限度地降低效率损失。所有可用的能量都将用于为电池组充电，从而缩短电池组的充电时间。

3. 单体电池之间的效率比较

图 3.8 比较了来自同一制造商的第 2 代和第 3 代单体电池的效率。恒流状态下电池的 SOC 从 100% 放电到 0%。第 3 代电池的效率略低于其前身第 2 代电池的效率，从数据快照中可以看出电池设计并没有从一代改进到下一代。然而，由于电池的寿命周期限制，电池通常不会在其全容量范围内使用。在这种特定情况下，单体电池将应用于混合动力汽车，并从循环范围约为 70%~30% SOC。图 3.9 比较了第 2 代和第 3 代单体电池在此使用范围内的效率。

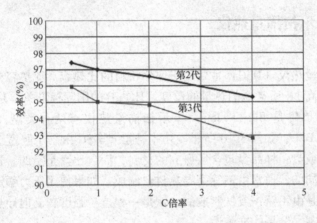

图 3.8　在 30℃ 下 SOC 从 100% 降到 0% 测定的两代单体电池的效率

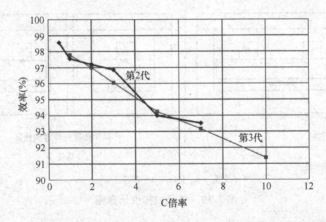

图 3.9　在 30℃ 下 SOC 从 70% 降到 30% 测定的两代单体电池的效率

从图3.8和3.9中可以看出，两只单体电池的效率相当匹配。电池制造商利用 IBCs 的数据来确保电池在使用范围内具备所需的效率，同时在电池设计的其他方面进行权衡，例如低温操作、安全性、成本和易于制造。

IBC 是评估锂离子电池热性能的重要工具。IBC 为热管理系统的精确设计提供关键数据，这直接影响电池组的循环寿命成本。由于温度导致的退化速度会加快，意味着更换昂贵的电池的周期会更短，使得电动汽车（EDV）的价格难以承受。有关日产 Leaf 电动汽车电池容量衰减和波音 DreamLiner 飞机用锂离子电池起火的早期报道提供了生动的例证，说明在系统故障期间，温度升高是多么的不可控。IBC 有助于了解温度对电池使用寿命的影响程度，以及电池设计的变化对电池在不同温度下的热特征的影响程度。

3.3 差示扫描量热仪

差示扫描量热仪（DSC）主要用于评估材料的比热容。比热容是指已知质量的物体温度升高 1K 所需要的热量的量度。比热容的国际标准单位是 J/kg/K，而比热容的英制单位是 Btu/℉/lbm。差示扫描量热仪有两种类型：功率补偿式 DSC 和热流型 DSC，如图 3.10 所示。功率补偿式 DSC 由一个腔室组成，腔室包含两个样品架或盘；样品盘包含所研究的材料，而参比盘是空的。这两个盘的质量和体积是相同的，通常由铝等高导热材料制成。如果使用压力额定的底盘，那么底盘的材料是由不锈钢或钛制成的，钛是一种抗拉强度较高但导热系数较低的材料，这也限制了结果的准确性。

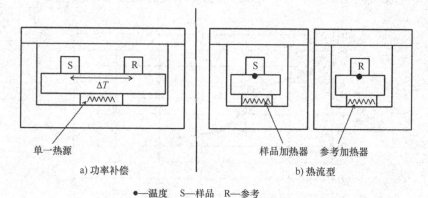

a) 功率补偿   b) 热流型

●—温度   S—样品   R—参考

图 3.10 差示扫描仪示意图

在功率补偿式 DSC 中，测量样品盘和参比盘之间的温差，样品盘和参比盘之间的温差通过校准曲线来计算热通量。一般情况下，差示扫描量热法实验的基本控制方程是式（3.8），其中 dH/dt 是比能量（J/g）随时间（s）的变化，C_p（J/g/℃）是材料热容。dT/dt（℃/s）是 DSC 的程序式升温速率为

$$\frac{dH}{dt} = C_p \frac{dT}{dt} \tag{3.8}$$

不同的制造商具有与式（3.8）相关的不同的校正因子，这些校正因子与其特定单元的设计有关。功率补偿式 DSC 更具成本效益，大多数商用量热计都是基于此设计的。热流型 DSC 有两个相同的腔室，每个腔室的温度是独立控制并相互匹配的，它们有独立的温度传感器和加热器。两个腔室之间加热器功率的差异直接关系到待测样品的热容或热焓。

DSC 实验所用的典型加热速率是 10℃/min，这只是传统的问题。需要注意的是，通过提高加热速率可以提高灵敏度和生产率，但是这也限制了温度分辨率和精度。实质上，如果主要是对材料的熔化温度感兴趣，那么较低的加热速率将更好地满足人们的需求。至于较高加热速率的好处，它们可抑制动力学受阻的过程，如结晶；因此，较高的加热速率使诸如电解质等不稳定材料的热力学特性的研究得以实现。

3.3.1 差示扫描量热仪和电池

差示扫描量热仪在其预设和基本操作中，可用于评估与锂电池相关的不同材料的比热容，如电解液、隔膜、阴极、阳极和电极。比热容是非常有用的，它是为锂电池建立准确的电化学/热模型所必需的。图 3.11 显示了在 EC/EMC 的 1:1 混合物中含有不同量的 LiPF$_6$ 盐的电解质溶液的比热容。电解液的比热容随温度和成分的改变而改变，如图 3.11 所示，电解液产生的热量少部分是源于大型电池中电解质（或电解液中的离子）的不均匀分布。

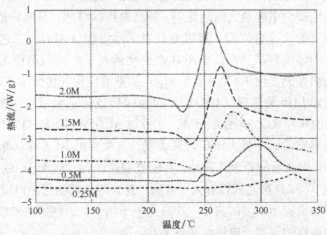

图 3.11　DSC 数据显示含有不同量 LiPF$_6$ 的 1:1 EC/EMC 电解质的比热容[2]

　　DSC 越来越广泛地用于评估锂离子电池内不同组件的安全性。电池制造商关注安全特性之一是关断隔膜，典型的关断隔膜由三层组成：聚丙烯（PP）、聚乙烯（PE）和另一层 PP。PE 层的熔点约为 130℃，而 PP 层的熔点约为 155℃。当 PE 熔化并填充孔隙时，隔膜关断以防止锂离子在阴极和阳极之间迁移。DSC 通过提供诸如熔化温度和熔化焓等关键数据来评估这些关断隔膜的有效性。用 DSC 对典型三层（PP/PE/PP）关断隔膜的熔化温度进行了评估，如图 3.12 所示。在熔点附近产生热量的梯度是一个指标，用来表示当电池内产生过多热量时，隔膜可以多快关断。

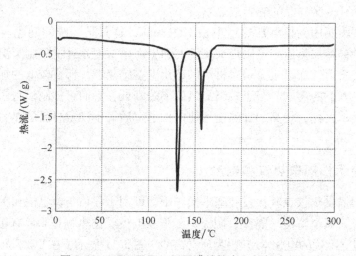

图 3.12　DSC 显示三层隔膜的熔点和焓的变化

　　锂离子电池虽然具有广阔的应用前景，但仍然存在诸如寿命和安全之类的问题，这些问题一直是制约锂离子电池大规模应用于先进电动汽车生产的瓶颈。由于电极溶解和电极与电解液之间的反应，导致电极的腐蚀，从而导致一些降解和容量损失。为了解决这些问题，可以通过原子层沉积（ALD）工艺在阴极或阳极上沉积人工固体电解质界面层。ALD 会影响锂离子电极的热稳定性和整个电池在高温下的热性能。图 3.13 显示了 Al_2O_3 的重复应用如何影响 NCA 阴极的热稳定性。用差示扫描量热仪（DSC）对四种样品进行了测试：①裸露的 NCA；②添加 Al_2O_3 的 6 种 ALD 应用的 NCA；③添加 Al_2O_3 的 10 种 ALD 应用的 NCA；④含有过量电解质的铝坯料。DSC 结果表明，与裸露的 NCA 样品相比，重复使用 Al_2O_3 可以减少能量的释放。同时，在阴极表面涂有 6 层 Al_2O_3 的 ALD 层与涂有 10 层 Al_2O_3 的 ALD 层之间没有太大差别，这表明六层涂层足以缓解由于 NCA 和电解质之间的反应而产生的热量。这只是一个例子，量热法是未来车辆和电网应用开发安全可靠的锂离子电池的必备工具。

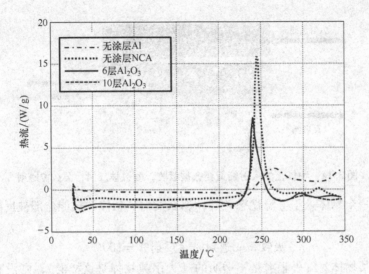

图 3.13 DSC 可用于评估安全特性（如嵌入到锂离子电池中的
人工 Al$_2$O$_3$ SEI 层是否会干扰电池的正常操作）

3.4 红外成像

热成像技术在过去 50 年中一直在使用，最初是为军事应用而开发的。目前，红外（IR）热成像技术已被工业广泛使用，并且正在应用于医疗、消防、建筑维修和施工等领域。基本上，红外热像或红外热成像技术用于检测电磁波红外范围内的辐射。通常辐射的波长为 9~14μm，已经研制出专门的红外摄像机来探测辐射并生成物体的热图像，热图像可用于了解建筑物、人体和电池系统中的热流路径。

3.4.1 热能的来源

在绝对零度以上的物体都辐射红外能量或热能。红外辐射是由于温度引起的物体内原子或分子运动的量度，物体发出的所有热能都将被吸收、反射或透射。该过程的示意图如图 3.14 所示。

吸收能是物体吸收多少入射能量的量度，通常，沥青、陶瓷和塑料等物体能够很好地吸收能量。反射能是物体反射多少能量的量度，铝、铜和银等材料是很好的反射体。透射能是通过物体透射多少能量的量度，通常情况下包括窗户玻璃在内的物体都是红外辐射的不良发射器，氟化钡、氟化钙和锗是个例外，因此有时用于红外摄像机的镜头。

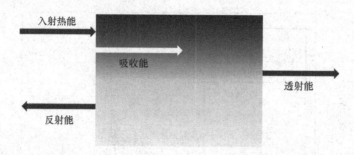

图 3.14　物体上的入射能量要么被吸收，要么被反射，要么被透射

如果一个物体处于等温稳态条件，那么发射到物体的热能全部被反射、透射或吸收。

$$吸收\% + 透射\% + 反射\% = 100\% \tag{3.9}$$

如果某物体对红外辐射是不透明的（大多数物体是这样的），则没有能量通过该物体透射，则式（3.9）变为

$$反射\% + 吸收\% = 100\% \tag{3.10}$$

由于示例中的物体处于等温状态，因此吸收的能量必须等于发出的能量，则式（3.10）就变为

$$反射\% + 发射\% = 100\% \tag{3.11}$$

换句话说，不透明物体的反射率和发射率加在一起是 100%。因此，我们得到更实用的不透明物体的发射率和反射率的定义，即

$$反射率\% + 发射率\% = 100\% \tag{3.12}$$

1. 物体的发射率和反射率如何影响其热成像

材料的发射率和反射率对物体的热特征有很大的影响。使问题更加复杂的是，材料的发射率可能会因材料的制造或加工方式而有所不同-高度抛光铜的发射率约为 0.02，而抛光铜的发射率约为 0.10。图 3.15 为等温条件下电池的热图像。热图像表明，尽管电池处于等温状态，电池端子仍然比电池的其他部分更热。

电池的端子由铝（正极）和镀镍铜（负极）材料制成；这些材料具有高反射性，并且一直在反射实验室内的红外辐射，而不是发出指示其温度的辐射信号。在近距离观察时，可以看到拍摄红外图像后躲避镜头的研究人员的红外特征。

对电池进行红外成像时，电池的发射率必须在整个表面上保持一致性，包括连接母线、电池端子和极耳（接线片）。电池可用高发射率涂料涂覆；无光涂料通常比光泽涂料具有更高的发射率。然而，使用涂料来调整表面的发射率需要相当厚的涂层，这可能人为地影响正在成像的物体的热特征，并且涂料不容易去

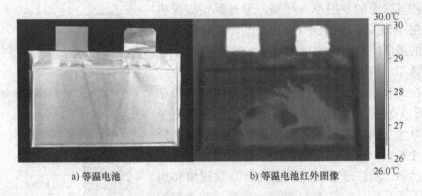

a) 等温电池　　　　　　　　　　b) 等温电池红外图像

图 3.15　等温软包装电池及其相应的红外图像（电池端子一直
在反射实验室中的红外辐射，因此看起来比电池的其他部分更热）

除。另一方面，氮化硼具有很高的发射率，配量一个方便的喷涂罐，也需要一层
很薄的涂层才能将表面的发射率提高到 0.9 左右。氮化硼是一种陶瓷材料，由于
其蒸汽压力低，主要用作真空系统中的润滑剂，而且在调节高反射物体的发射率
方面具有显著的效果。图 3.16 显示了一张涂覆了一层薄氮化硼的电池的照片。
写在电池表面的文字"1#电池"可以通过足够薄的氮化硼涂层读取。图 3.16 还
显示了涂覆氮化硼的电池在恒温条件下的热图像。正如预期的那样，电池温度非
常均匀，并且端子看起来不再比电池的其余部分更热，因为氮化硼涂布降低了电
池端子表面的反射率。

a) 恒温电池　　　　　　　　　　b) 恒温电池的红外图像

图 3.16　用氮化硼覆盖的恒温袋式电池，以降低其表面（a）及其对应的红外图像反射率

3.4.2　校准和误差

在电池系统成像之前，需要根据所成像电池的发射率对红外热像仪进行校
准。执行此校准的最简单方法是将几个已校准的热电偶（TC）用导热环氧树脂
放置在电池表面上。在进行校准之前，应在电池和 TC/环氧树脂表面涂上氮化

硼，使其表面的发射率一样高。通过调整摄像机的发射率设置，可以使 TC 的温度与红外摄像机显示的温度同步。摄像机的温度的校准应该在电池成像期间的温度范围内进行。

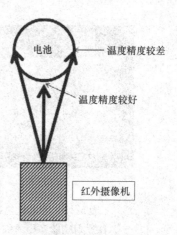

在捕获电池的红外图像时，最大的误差源是电池表面发射率的变化；第二大误差源是相机镜头与电池之间的视角。一个扁平均匀的电池，只要尺寸有限，由于视角的影响，温度误差也很有限。然而，圆柱形电池上的曲面将导致视角和焦点的不断变化。如图 3.17 所示，当成像曲面与相机／镜头平面的角度接近 90°时，曲面将会越来越模糊，且温度精度降低。如果在曲面上检测到热点或缺陷，则应调整相机角度，以确保缺陷是真实的，而不是视角的伪影。

图 3.17　红外图像在曲面上的温度精度较差

3.4.3　成像电池系统

红外成像技术是确定电池系统中热关注领域的重要工具。电池、模块或组件的热设计会影响电池系统的成本、循环寿命和安全性。红外成像已经被用来确定制造缺陷、电池热均匀性以及如何改进电池的电/热设计。

图 3.18 为 12V 铅酸电池模块的热图像，其中一个电池有缺陷。该特定的模块通过了成型和质量验收，但经测试后各模块的容量（Ah）迅速下降，因此具有较短的循环寿命。为了了解其根本原因，对模块进行了热成像。成像显示该模

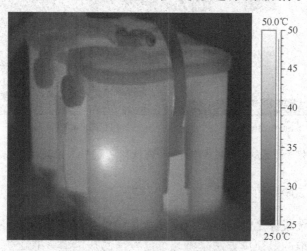

图 3.18　12V 铅酸电池的红外图像显示了肉眼无法检测到的损坏

块显然被物体撞击过，可能是在运输过程中，该撞击使得其中一个螺旋缠绕电池层形成了软短路。通过目视检查模块表面无法检测到是否短路，只有在对模块进行热成像后才能检测到。了解模块外壳的局限性后，电池制造商改变了塑料的硬度，这样施加在电池表面上的任何力都不会转移到电池内的电池层上，也不会造成模块的过早失效。

图 3.19 和 3.20 分别显示了不同制造商生产的两个 PHEV 电池在恒流 C/1 放电结束时的热图像；电池的容量彼此相差不超过 5%。每个图形都包含放电结束时电池的热图像，以及电池表面的水平轮廓线图：L01、L02、L03 和 L04。图 3.19 显示了电池热图像右上角的一个热点，以及电池表面从上到下和从左到右的温度分

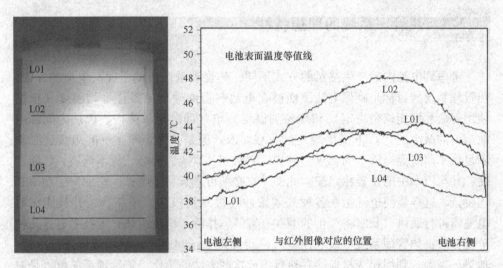

图 3.19　A 制造商生产的电池在恒流 C/1 下放电 SOC 从 100% 到 0% 的热图像

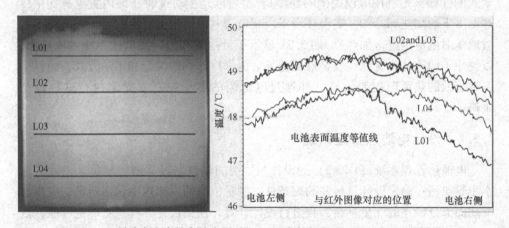

图 3.20　B 制造商生产的电池在恒流 C/1 下放电 SOC 从 100% 到 0% 的热图像

布。另一方面，图 3.20 表明放电结束时整个电池表面的温度分布非常均匀。当电池温度均匀一致时，电池内的所有区域老化速率相同，因此循环寿命更高。在与热均匀度较差的电池的制造商讨论之后，确定电池在循环过程中产生气体，电池内各层之间的接触电阻增大，从而导致电池表面温度变化。电池在循环过程中产生的微量气体无法通过肉眼检测到，只能通过热成像检测到。

电池系统的红外成像是了解与电池设计相关的热低效问题的重要工具。红外成像可以识别视觉检查电池时不明显的机械缺陷和热缺陷。红外成像的应用在不断扩大，并将继续成为确定电池单元与系统设计方面的热关注领域的有用工具。

3.5 热管理系统的理想特性

考虑到电池内部产生热量的方式不同，热管理系统有助于提高电池的性能。热管理系统的目标是确保电池组能够在电池制造商确定的最佳平均温度（根据使用寿命和性能权衡决定）和均匀的温度分布（即电池单体内、模块之间和电池组内的微小变化）下提供规定的负载要求。但是，热管理系统的组装还必须满足汽车制造商对汽车的要求。例如，它必须是紧凑，轻巧，成本低廉，组装方便，并与汽车中的位置相匹配。此外，它必须可靠且易于维护。它的寄生功率必须要低，这样能使电池组在各种气候条件（极冷到极热）下工作，并且能够对电池箱进行通风，及时将产生的潜在有害气体排除。电池组热管理技术有这几种分类方法：热管理系统可以利用空气进行加热/冷却/通风，利用液体进行冷却/加热、保温，利用相变材料储存热量，或这些方法的组合；热管理系统可以是被动式的（即只是利用电池周围的环境），也可以是主动式的（即内置电源提供冷热温度下的加热和冷却。高温环境下内置电源对电池组进行冷却，低温环境下内置电源对电池组进行加热）。图 3.21 显示了风冷式和液冷式电池系统的原理图，以说明不同冷却系统之间复杂性的差异。根据冷却剂的类型和传热方式，设计了一种有效的热管理控制策略，并通过电池组的电子控制单元来执行这种控制策略。

3.5.1 设计电池热管理系统

电池热管理系统（BTMS）的设计与传统的换热器设计密切相关。设计的基本步骤包括：确定设计目标和约束条件，测量模块的发热速率和热容量，应用本章前面部分概述的能量平衡方程进行设计计算，使用设计方程预测电池性能，设计、构建和测试初步的电池热管理系统，最后对单元进行优化。下面将详细介绍这些步骤。

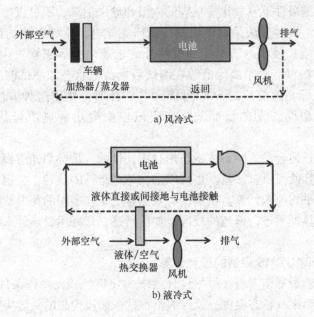

a) 风冷式

b) 液冷式

图 3.21 风冷式和液冷式电池热管理系统示意图[3]

1. 确定 BTMS 的设计目标和约束条件

在设计 BTMS 时，需要确定三个主要的约束条件：规范模块和电池组在各种运行条件（即平均温度、模块内部和模块之间最高温度和最低温度之差）下所需的热性能。一旦确定了目标温度，另一个关键挑战是确定汽车其余部分的潜在电气接口和机械接口：

- 汽车集成商要求的尺寸限制（需要管理的模块的几何形状、尺寸、数量、方向和包装）；
- 安全要求（例如，规定通过冷却通道的最大压降，需要通风）；
- 成本要求。

在实际设计场景中，这三组约束条件通常具有对比鲜明的设计效果，工程师在优化阶段必须考虑这些效果。

2. 获取模块属性

一旦电池制造商对单体电池的热性能进行了优化，在 BTMS 的设计中，常见的工业实践是将模块、封装元件和电路一起视为集总反应器。为此，电池制造商应对模块进行热特性分析。例如，必须在不同的工作温度下，在所需的放电倍率/充电倍率下测量模块的总发热速率，电池组中模块的总发热速率的大小影响热管理系统的尺寸和设计。热管理系统取决于模块内阻的大小和电化学反应的热力学热，因此发热速率取决于放电/充电曲线和模块的荷电状态和温度。发热量可以通过在所需条件下测量化学反应的内阻和焓来估算，不过直接测量可以得到更精确的数值。一种方法是对模块进行循环充放电，这样电池的荷电状态和温度始终保持不变。模块内的电能和模块外的电能之差等于模块中产生的热量，在使用这种方法时，必须确保电池在测试后的荷电状态和测试前的荷电状态相同，但精确匹配测试前后的 SOC 可能会非常耗时。使用这种方法的另一个难点是，模块的温度随发热量而改变，应该根据模块的热质量估算模块中的储能。

想要进行任何合理的瞬态或稳态热分析，设计人员必须知道模块的热容。总热容或平均热容既可以被测量，也可以根据单个组件的热容，使用电池或模块组件的质量加权平均值来计算。模块的有效热容通常在不同的荷电状态和温度下确定，以便对传热模型进行适当的校准，如前所述，最好用量热计来测量发热速率和估计热容。

3. 进行一阶 BTMS 评估的设计计算

利用标准能量平衡方程，根据设计要求中规定的预设操作条件，确定模块/电池组的瞬态温度或稳态温度。设计人员在这一阶段面临的关键决策之一是传热介质的选择，传热介质可以是空气、液体、相变材料或它们的任意组合。只需将空气吹过模块，即可实现与空气的传热。

与液体的传热可以通过每个模块周围的离散管道、模块周围的夹套、将模块浸泡在介质流体中进行直接接触来实现，也可以通过将模块放置在液体加热/冷却板上来实现。如果液体与模块没有直接接触（例如，当使用管道或夹套时），则传热介质可以是水基自动流体。如果模块浸泡在传热液体中，则液体（如硅基油）必须是绝缘的，以避免任何电气短路现象。最简单的办法就是将空气作为传热介质，但与液冷式系统相比，风冷式系统的传热速率较低。液体系统需要额外的热交换器来进行散热/增加热量。在某些情况下，模块的侧面用相变材料包裹，暂时控制模块的温度；然而将热量从相变材料传递到电池组外部仍然需要另一种合适的热交换机制。热传递介质的最终选择是在评估其他因素（如附加体积、质量、复杂性、易维护性和成本）的基础上做出的。此类评估是通过采用不同的加热/冷却流体（空气、液体）、不同的流动路径（直接或间接、串行或并行）以及不同的流量重复进行设计计算来实现的。作为此步骤的一部分，设计人员需要评估流体的热物理特性，以便进一步的热分析。通过冷却通道的流量要达到所需的传热速率（基于冷却液的传热系数），以及考虑到通道的最大允许压降，综合权衡这两者后，确定冷却剂的选择。图 3.22 给出了三种不同冷却剂的权衡比较，其性能见表 3.1。

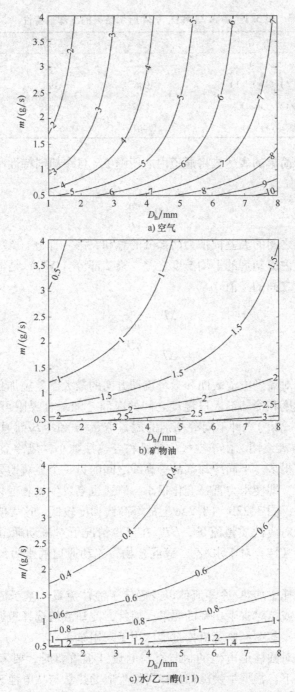

a) 空气

b) 矿物油

c) 水/乙二醇(1:1)

图 3.22 电池表面温度和入口温度之间的净温差的比较[⊖]

⊖ 与液冷通道相比，风冷通道的温度分布更宽，对水力直径的敏感性也更高。

表 3.1　图 3.23 和图 3.24 所示结果的冷却剂特性

特　性	空气	矿物油	水/乙二醇
密度 $\rho/(\mathrm{kg/m^3})$	1.225	924.1	1069
比热容 $C_\mathrm{p}/(\mathrm{J/(kg \cdot K)})$	1006.43	1900	3323
导热系数 $k/(\mathrm{W/(m \cdot K)})$	0.0242	0.13	0.3892
运动黏度 $v/(\mathrm{m^2/s})$	$1.461\mathrm{e}^{-5}$	$5.6\mathrm{e}^{-5}$	$2.582\mathrm{e}^{-6}$

下面用一个简单的表达式将通道内的压降 ΔP 与冷却剂特性和流动条件联系起来[⊖]

$$\Delta P \propto \frac{mv}{D_h^3} \tag{3.13}$$

出入口流体之间的温差被视为两部分的总和，第一部分（ΔT_1）是入口流体温度与流动通道内冷却剂的平均温度之差，第二部分（ΔT_2）是电池表面温度与冷却剂平均温度之间的差值

$$\Delta T_1 = \frac{q}{mC_p} \tag{3.14}$$

$$\Delta T_2 = \frac{qD_h}{k} \tag{3.15}$$

因此，可以对流经电池表面和沿着流动方向的最大温差施加独立的约束。同时，电池表面温度和冷却剂入口温度之间的净温差的综合界限可指定为 $\Delta T_{\mathrm{net}} = \Delta T_1 + \Delta T_2$。图 3.22 为三种不同冷却剂的质量流量 m 和冷却剂通道水力直径 D_h 的 ΔT_{net} 函数的等高线图。由于空气的热容和导热系数小，风冷通道中的 ΔT_{net} 值要比液体通道高得多。不同冷却剂的等高线之间的另一个显著差异是，在采用风冷通道的情况下，即使水力直径变化很小，流速也会发生显著变化，而在采用液冷通道的情况下，图 3.22b 和 3.22c 上的等高线梯度较低。这表明，相较于图中所示的设计变量对应的质量流量，ΔT_{net} 在风冷情况下对流动通道的水力直径更敏感，而在同一区域，对于水/乙二醇混合物，流动通道的水力尺寸并不是流道设计的限制因素。

一旦初步选择了加热/冷却流体以及确定了流体流量，基于流量计算，就可以粗略估计风扇或泵对寄生功率的要求。通常，冷却液的选择遵循工业冷却剂的标准，这些工业冷却剂经监管机构批准已用于乘用车。

当辐射传热对圆柱形电池的封装材料的设计很重要时，要考虑另外一个示例。在这种情况下，根据牛顿冷却定律可知生成的热量与从电池表面传输的热量

⊖　Kim G H, Pesaran A. *World Electric Vehicle As sociation Journal*, Vol.1, pp. 126-133, 2007.

有关

$$mC_p \frac{dT}{dt} = hA\Delta T_{net} \qquad (3.16)$$

式中，A 是电池表面辐射热量的面积。

将圆柱体的表达式代入，忽略边缘效应，得到电池表面的温升速率（可以用附着在电池表面的热电偶测量）为

$$\frac{dT}{dt} = \frac{h\Delta T_{net}}{\rho C_p D_h} \qquad (3.17)$$

对于 18650 型号的电池组，$\Delta T_{net} = 10K$ 时，$dT/dt = 0.01K/s$；$\Delta T_{net} = 20K$ 时，$dT/dt = 0.025$。不锈钢电池外壳的总传热系数估计约为 $15W/(m^2 \cdot K)$。现在，总的传热系数可以解释为由两部分组成：一个是由对流引起的，另一个是由辐射引起的，即 $h = h_c + h_r$。从标准传热文本中，得到了表面温度与辐射传热系数之间的斯特潘-波尔兹曼（Stefan-Boltzmann）关联式为

$$h_r = 4\sigma_T \varepsilon_T T_s^3 \qquad (3.18)$$

式中，σ_T 是波耳兹曼常数（$5.669 \times 10^{-8} W/(m \cdot K)$）；$\varepsilon_T$ 是表面的辐射率，理想的黑体的辐射率为 1，钢的辐射率为 0.33。

对于钢和用合适的涂层以改善辐射的电池，当电池的表面温度 $T_s = 40℃$ 时，对应的传热系数 h_r 的数值分别为 2.33 和 7。因此，有可能通过辐射将高达 50% 的热量从电池中转移出去。

4. 预测电池模块和电池组性能

组建电池组是一个劳动密集型过程，并且电池经过几次组建和破坏循环的费用是昂贵的。为了最大限度地降低成本和工作量，在设计阶段之前，通常使用先进的计算工具在虚拟环境中模拟模块和/或电池组的热性能。这一步包括电池组几何结构的详细重建，确定电池的稳态和瞬态热响应，这是为了识别电池组任何部分的非均匀热积累和验证是否符合所确定的设计要求（例如，电池组内的最大温度或压力梯度必须低于给定值）。使用标准相关系数来计算冷却风扇或泵的负载估算值。进行流量模拟的另一个优点是能够进行灵敏度分析，设计工程师可以确定电池热响应最敏感的因素，从而在确定正确的控制策略（如调节流量和入口流体温度）时优先考虑这些设计要求。

5. 初步 BTMS 的设计、构建和测试

在计算分析的基础上，对风机、水泵、换热器等辅助部件以及加热器、蒸发器线圈等有源元件进行了合理的尺寸设计，实现了在先前步骤中确定的控制单元的约束条件。在这一阶段，通常会对备选系统的性能、能量需求、复杂性和维护方面进行比较。在估算 BTMS 的成本时，考虑了不同组件的易操作性和可靠性等因素。初步设计完成后，组装的电池组将与热管理机组集成，以验证模拟阶段的

结果。由于硬件的实际限制，对不同冷却元件的前置时间和温度的最大偏移量进行了校准。在完成设计规范之前，设计师需要经常重复前面的步骤，然后根据车辆的运行环境（例如各种不同的气候条件）对样机单元进行热控制策略的评估。样机安装在汽车上，并使用汽车测力计模拟驾驶条件进行测试。

3.5.2 优化

考虑到安全允许范围内的压降和温度范围等设计因素，对最终装置的优化通常需要对上述步骤进行几次迭代。系统级别还考虑了其他限制因素，如工作温度对电池性能和寿命的影响、车辆性能、成本和易于维护等。下面是一个基于以上公式优化流动通道的设计实例。

考虑上述风冷通道，图 3.22 所示的水力半径和流量的范围是根据设计目标求得的。其他约束条件通常包括沿流动通道的最大允许温度变化（即 $\Delta T_{1,\max}$）和层流条件的偏好（雷诺数的给定值，如 2,400）。为了便于说明，可以将量热计测量的发热速率设置为 2W。图 3.23 显示了不同约束施加的界限：①ΔT_{net} 的优选值在 3.5C ~ 4.5C 之间；②维持寄生载荷的上限所需的最小压降为 40kPa；③流动通道能安全承受的最大压降设定为 110kPa；④冷却通道的非均匀性（ΔT_1）不应超过 1.5℃，以确保模块的性能良好。最后应选择层流条件。

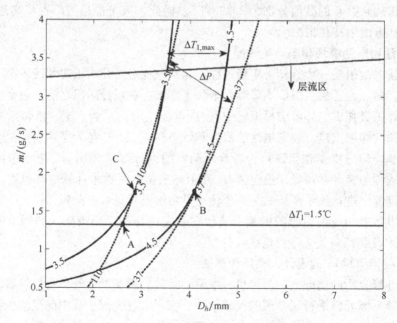

图 3.23 风冷通道优化设计的选择

由式（3.13）~式（3.18）可以画出与压力和温度边界相对应的等高线，类似于图 3.23 所示的等高线。此外，与 ΔT_1 的固定值（与通道直径无关）和固定雷诺数相对应的等高线相被叠加，以确定工作范围。最小的通道直径对应于最大的传热系数，这一点如图中 A 所示。B 点对应于压降最小的设计，C 点对应于最优设计。在最大允许压降范围内，最大限度地提高通道内的传热系数，同时将 ΔT_{net} 值保持在其最小规格范围内的设计。对油冷系统的类似分析如图 3.24 所示，其最佳水力直径约为 3.9mm，流量约为 1.18g/s，这是由于冷却剂的特性，其流量远低于风冷通道。

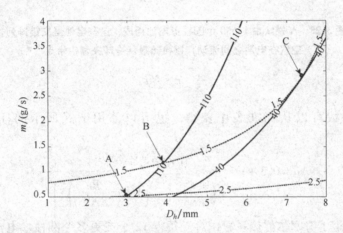

图 3.24 油冷通道优化设计的选择

另一方面，如果选择一种相变材料（如蜡）来消散电池表面的热量，则石蜡在熔融状态下的熔化热约为 200J/g，密度为 0.82g/cm³。当水力直径为 3.9mm 时，约 30% 的模块体积可用相变材料封装。在上述的每个电池产生 2W 的速率下，以 2C 倍率放电，在 30min 内产生的平均热量为 3.6kJ。利用上面提供的蜡的特性，相变材料的最小厚度为 1.44mm，剩下 2.5mm 的对流冷却剂，以便将热量带离模块。从图 3.23 和 3.24 中可以看出，为了将压降和质量流量保持在可接受的范围内，在这种情况下唯一可行的冷却剂是空气。

在下一个例子中，考虑了一个模块中单体的错开排列，如图 3.25 所示，它有一个围绕每个电池单体的油冷通道的夹套，具有我们刚刚确定的最佳值，并通过模块进行空气循环。[⊖]

在这种情况下，传热系数（其定义为跨边界的对流传热与热传导之间的比值）由努塞尔数求得，其表达式为

⊖ Yuksel, T., and J. Michalek. Development of a simulation model to analyze the effect of thermal management on battery life [R]. SAE（国际汽车工程师学会）技术报告，2012.

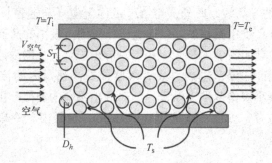

图 3.25   A 模块由 18650 个圆柱形电池组成，这些电池呈交错排列，空气在电池之间流动，以将热量从冷却夹套中带走

$$h = \frac{k \cdot Nu}{D_h} \qquad (3.19)$$

努塞尔数可以从标准表中获得，也可以使用下式所示的标准相关性获得[4-6]：

$$Nu = 0.3 + \frac{0.62Re^{0.5}Pr^{0.3333}}{\left[1 + \left(\frac{0.4}{Pr}\right)^{\frac{2}{3}}\right]^{0.25}\left[1 + \left(\frac{Re}{282000}\right)^{\frac{5}{8}}\right]^{0.8}} \qquad (3.20)$$

一旦知道了努塞尔传热系数，对于每行 12 个或更多个圆柱形电池的交错排列，则用以下表达式将电池的表面温度与进出流体温度关联起来

$$\left(\frac{T_s - T_e}{T_s - T_i}\right) = \exp\left(-\frac{\pi D_h N h}{\rho C_p V N_T S_T}\right) \qquad (3.21)$$

在这个例子中，每行使用 12 个电池共 4 行电池（即 $N_T = 4$）；V 是流经模块的空气的体积流量，S_T 是横向节距，如图 3.26 所示。纳入的约束条件包括最大允许压降、温度界限和最小寄生载荷成本的规范。出口流 T_e 的温度应尽可能高，为了使从电池表面带走的热量最大化，但同时比电池表面温度 T_s 至少低 2.5℃，以便有效地传热。如果假定入口流温度 T_i 为 20℃，电池表面温度为 30℃，最大允许压降设定为大气压的十分之一（约 10kPa），结果如图 3.26 所示。寄生载荷的成本用相对比例表示：假设在选定流道的尺寸下，对应于空气的入口流速的质量流量呈线性变化，在压降为 10kPa，出口流温度为 27.5℃ 时，根据上述约束条件，对数值进行归一化处理，使其值等于 1。从图表中可以看出几个权衡：如果最大压降保持在 10kPa，但出口流的温度比电池的表面温度低 3℃，则寄生载荷的成本可以降低 15%，而将这一差值设置为 2℃ 则将使成本增加 30%。对于 $T_s - T_e$ 的设定值（示例中为 2.5℃），如果可以承受较高的压降（例如 5kPa），则成本相应地降低（本例中为 5%）。

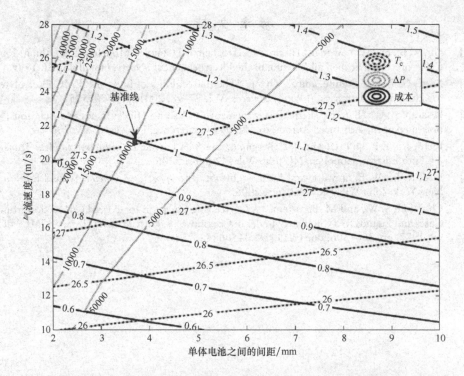

图 3.26　对设计由 18650 个电池组成的电池模块的热管理系统的权衡进行比较，
如图 3.25 所示：将出口温度值降低 0.5℃，与所选基准相比，标准化
成本降低 15％；而将该值提高 0.5℃，成本增加 30％

3.6　结论

　　综上所述，电池组的性能，以及电动汽车或混合动力汽车的性能，受其运行温度和电池组中温度梯度程度所影响。由于具有更高的功率和更强的充放电特性要求，为车辆设计的电池组的热问题经常引起关注。为了合理设计所有电动汽车的热管理系统，必须进行热分析。本章利用基本的传热原理，为单体电池和模块设计热管理机组。温度分布很大程度上取决于冷却剂的性能和流动通道的设计。一个没有对流的电池组可能达到不可接受的高温水平。即使有合理的空气流量，电池组内的温度也会有显著的变化。模块和电池组的合理的热设计问题必须引起重视。最后一个例子表明，增加通风孔可以改善安装在车辆上的电池模块的热性能。

参 考 文 献

[1]   Gu, W. B., and C. Y. Wang. "Thermal-Electrochemical Coupled Modeling of a Lithium-Ion Cell," presented at the Fall Meeting of the Electrochemical Society, Honolulu, HI, 1999.

[2]   Botte, G. G, R. E. White, and Z. Zhang. "Thermal Stability of $LiPF_6$–EC:EMC Electrolyte for Lithium Ion Batteries, *J. Power Sources,* Vol. 97–98, 2001, pp. 570–575.

[3]   Pesaran, A. A. "Battery Thermal Management in EVs and HEVs: Issues and Solutions," presented at the Advanced Automotive Battery Conference, Las Vegas, NV, 2001.

[4]   Incropera, F. P., D. P. Dewitt, T. L. Bergman, and A. S. Lavine. *Introduction to Heat Transfer,* Fifth Edition, Hoboken, NJ: John Wiley & Sons, 2006.

[5]   Bird, R. B., W. E. Stewart, and E. N. Lightfoot. *Transport Phenomena*, Second Edition, New York: John Wiley & Sons, Inc., 2006.

[6]   Churchill, S. W., and M. Bernstein. "A Correlating Equation for Forced Convection from Gases and Liquids to a Circular Cylinder in Crossflow," *J. Heat Transfer, Trans. ASME* Vol. 99, 1977, pp. 300–306, doi:10.1115/1.3450685.

第 4 章

电池寿命

电化学存储系统的能量和功率会因多种因素而衰减，其中一些衰减机制与循环次数有关，而另一些与时间有关。为了准确地预测一系列场景中的寿命，有时必须对 5～10 个退化机制进行表征和建模，但通常只有少数机制占主导。

第 2 章使用了一个简单的例子，将电池电极比作装水容器。容器中水的高度代表电化学势，而水量代表储存的电荷。再进一步细化，可以考虑衰减，水"电池"由于系统中的水损失（即电池中电荷的往复运动带来的损失）或者水储存容器的收缩或变形而衰减，对应电极中活性材料的电绝缘或化学/晶相的变化。

4.1 概述

对于设计良好、成熟的锂离子系统，主要的衰减机制包括负电极上的固体电解质膜（SEI）生长，它会消耗系统中可循环的锂离子，SEI 的生成导致电池电阻增大和容量衰减。随着时间的推移，SEI 增长率随着高温和高荷电状态（SOC）而加速。对于频繁深度循环的锂电池的应用场合，电极活性材料损耗/绝缘（isolation）可能占主要原因。每个循环的材料损失率取决于放电深度（DOD）和 C-倍率。材料损耗是新一代的高能量密度电池的常见衰减机制，其电极活性材料在循环期间会经历大的膨胀和收缩。

4.1.1 物理学

从物理特征上看，失效原因可能是（见表 4.1）：

（1）机械诱发（如气体积聚或振动导致包装（packaging）失效）。

（2）化学诱导（如随时间推移的化学反应，取决于受温度影响的速率和化学状态）。

（3）电化学诱导（如通过电化学充放电过程驱动或加速的副反应）。

（4）电化学机械诱发的，例如与电化学充放电过程反应引起的体积变化和机械应力相关的材料失效。

（5）以上所有与热耦合的情况。

表4.1　按物理分类的失效模式

机械	包装和结构下的结构失效 以振动测试为特征，容易随着振动幅度和振动周期的快速累积而加速
化学	静置期间发生副反应 受温度影响的速率和化学状态 以存储测试为特征，在各种化学状态下升高温度，包括极端情况下的完全充电/放电
电化学	由充电率（有时是放电率）导致的副反应 受电池循环影响，速率受温度依赖性反应和迁移性能的影响，在温度和潜在窗口中加速循环会激发此反应
电化学-力学耦合	电化学-热循环过程中材料膨胀/收缩引起的衰减 受系统材料特性的影响，相变的发生与循环、包装、外力、充放电速率、温度、化学状态和机械损伤状态有关 通过相关工况循环矩阵加速循环

关于与电化学状态无关的纯机械引起的故障，可以用传统的加速振动测试和结构分析来表征。

关于化学和电化学衰减机制，无论它们是否涉及电子转移，都是由反应过程引起。化学和电化学衰减之间的区别纯粹是概念性的，这两个概念可以辅助确定衰减是否与日历时间或循环次数更相关。

在所有机制中，热行为起着重要作用，化学、电化学和机械衰减速率与温度紧密耦合。化学和电化学反应速率和迁移性能是高度依赖于温度的，机械强度和弹性性质也是如此，电池组件随温度的不同膨胀和收缩也会引起热致机械应力。第3章讨论的预测电池热响应的方法是寿命预测的必要工具。

4.1.2　日历寿命与循环寿命

通常用电池充电/放电循环次数作为电池的使用寿命。例如，人们可能期望电池在达到寿命终止（EOL）之前循环1000个周期，通常使用相对于寿命起始（BOL）的一些衰减性能来定义EOL。然而，重要的是要认识到即使在不使用的情况下也难以避免电池内部的化学反应，电池内的化学物质可能衰减。对于大部分时间处在存储状态的电池，例如用于不间断电源的备用电池，使用寿命通常取决于在给定温度和SOC下的应用时长。不同的电池化学物质各自具有不同最佳结合点以实现更长的日历寿命：当储存在部分SOC时，锂离子电池持续时间最长；在满 SOC 下储存时，铅酸电池的使用寿命最长。两种电池在高温（大于40℃）下日历寿命都比较短。

老化测试的目标是尽可能快地在预期的工作循环和温度范围内表征退化机制，旨在加快这些机制的速度、压缩测试所需的时间。给定老化数据，然后使用寿命预测模型来推断性能随时间推移到某些 EOL 的条件。例如如何将压缩到6个月的循环结果用于推导预测设备实际应用时相应的性能衰减，如第 5 年或第10 年，这并不简单。为了及时推断，寿命模型必须正确地分离和/或捕获循环寿命和日历寿命的相互依赖性，这取决于衰减机制。本章稍后将对此主题给予进一步关注。

日历寿命表示在给定温度和 SOC 下电池静置时的理论寿命。循环寿命主要与反复充电/放电期间的电池老化相关。循环寿命始终与测试期间使用的特定循环方案有关，特别是充放电循环的深度。不太直观但仍然重要的是，循环寿命还取决于在各循环之间静置时电池的状态。

在测试环境中，日历相关的衰减通常利用温度进行加速的存储试验来测量，并绘制与 SOC 的关系曲线，如图 4.1 所示，采用石墨/NCA 寿命模型生成。该模型将在第 7.7 节中进一步讨论。与周期相关的衰减特征是使电池背靠背循环，几乎没有休息，并进行额外的老化实验，改变循环之间的静置时间，这样有助于将日历与循环衰减分开，并建立两者之间可能的耦合关系，这需要在寿命模型中加以考虑。图 4.2 显示了在几个 DOD 下的性能衰退情况，以及每年的循环次数。在这些仿真中，电池在其寿命期的平均 SOC 保持不变。从测试数据推断循环寿命时，外推模型中也包括适当的日历寿命限制项，这一点至关重要。

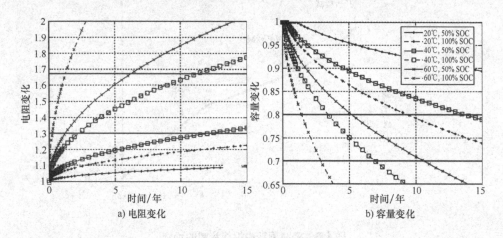

图 4.1 存储性能下降曲线

从测试数据中外推循环寿命预测时，外推模型也需要考虑日历寿命的限制

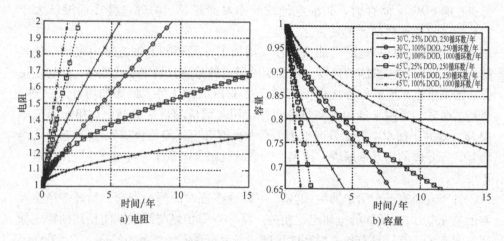

a) 电阻　　　　　　　b) 容量

**图 4.2　用于地球同步轨道应用的锂离子石墨/NCA 电池的
两种不同测试方案的循环寿命预测[2]**

项，这是至关重要的。

4.1.3　性能衰减区域

成熟的电化学存储技术将在整个寿命周期中逐渐经历容量和电阻变化，衰减速率取决于占空比、温度和老化程度。图 4.3 显示了锂离子电池常见的非线性性能衰减示例。在此示例中，性能衰减过程可以分为几个区域：

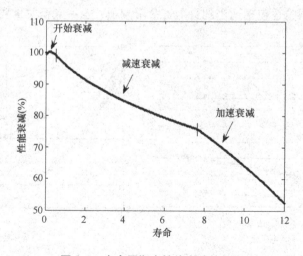

图 4.3　寿命周期中性能衰减的示例

区域Ⅰ：开始区域取决于初始循环。图 4.3 显示了轻微的初始性能提升，但也可能是性能的略微降低。

区域Ⅱ：减速衰减区域强烈依赖于日历老化过程，并且适度依赖于循环。

区域Ⅲ：加速衰减区域强烈依赖于循环。

实际寿命性能数据总是包含噪声，与图 4.3 相比，区域之间的转换不太明显。例如，区域Ⅱ和Ⅲ之间的过渡可以更加渐进并且表现为淡化过程的线性区域。根据老化情况，图 4.3 中的某些区域可能根本不存在。例如，在严重的循环下，区域Ⅰ和Ⅱ可能不存在，仅留下加速衰减区域Ⅲ。

在应用器件之前，作为制造过程的一部分，锂离子电池在工厂经历化成循环。这些循环通常在低充放电速率和升高的温度下进行。化成循环在负极表面处建立初始 SEI 层或膜，从系统消耗一些可循环的 Li 并且在最初的几个循环期间导致高达 10% 的容量损失。

在开始区域，电池初始性能可能经历从快速下降到略微增加的性能变化，如图 4.3 所示。性能快速下降可能是由于制造工厂不完整的化成循环造成的，或者在高温下可能只是快速的 SEI 增长所致。若含有过量的锂，容量可能略微增加，这些锂可能会在初始循环中释放出来。电阻略微降低可能是由于电极活性材料中的小裂缝开口，为电池引入新的表面积并减轻制造过程中的一些残余机械应力所致。通常，只有在中等至低温下才能明显提高初始性能。初始磨合过程的存在使得从电池老化实验的最初几周或几个月的衰减率鉴定变得复杂。

减速衰减区域Ⅱ是电池使用寿命的理想场所。在锂离子电池中，SEI 增长是一种典型机制，其增长速度随着电池老化而减慢。随着 SEI 厚度的增加，化学物质从电解质穿过隔膜到负表面的扩散速率减慢。限制扩散的反应沿曲线 $t^{1/2}$ 衰减，形成逐渐放缓的性能衰减轨迹。限制动力学的化学反应可能最初沿曲线 t，但也随着反应中化学物质的消耗而减慢或趋于稳定。

但最终，一些加速过程可能会超过逐渐衰减过程。这些过程可能是化学过程，尽管对于成熟的稳定系统而言，通常取决于电化学或电化学力学。例如石墨/$Li_xMn_2O_4$ 锂离子电池中的 Mn 溶解/SEI 生长是引起加速衰减的一个化学过程，一旦 Mn 溶解，它就可以通过电解质迁移到石墨负极，其中 Mn 作为催化剂以加速 SEI 生长。

由于电极材料损失或可循环锂消耗，正负电极的电化学窗口会相对移动，引入一些先前不是问题的新的副反应。例如，如果负电极消耗超过可循环锂消耗，则电池寿命的后期，在低温充电期间可能会开始出现镀锂。

导致锂离子电池加速衰减的机械耦合过程的一个例子是对 SEI/电极的机械损伤加速 SEI 生长/电解质分解。另一个是活性材料的加速损失/绝缘，因为在相同的循环特征下，更少的剩余位点承受了更大程度的应力。

4.1.4 寿命终止

对于给定的应用，设计者必须确定电池的尺寸，以便在整个使用寿命期间满足功率或能量要求。在实际应用中，首先会在系统设计点的极限处考虑故障，例如高速放电、低温或低 SOC 极限的组合。这意味着在最坏情况的低温下，EOL 必须满足功率/能量要求。有时候说汽车电池在夏天会"死去"，但是它们的"葬礼"是在冬天举行的。

EOL 的判据因能量与功率应用以及单个电池与完整电池组系统的不同而不同。用于能源应用的 EOL 通常规定为当设备的可用能量衰减到原始能量的 70% ~80% 时。可用能量主要受容量损失的影响，但也受到功率衰减的影响。例如，考虑一种 EV 应用，在 BOL 的 5% SOC 下可获得足够的放电功率用于车辆加速；在 EOL，相同的放电功率可能只有在 SOC 超过 15% 时可用。例如容量损失为 20%，加上由于功率衰减导致的额外 10% 的可用能量损失，将使该装置达到 EOL，剩余可用能量为 BOL 的 70% 。

当设备的可用功率衰减至原始功率的 70% ~80% 时，通常用于电源应用。同样，剩余能量也起一定作用。需要在一些可用的能量范围内提供足够的功率，以满足应用场合最长时间的持续功率需求，并留有一定的余量。对于混合动力汽车（HEV），这可能由最坏情况的驾驶循环决定，如几个重复的加速事件各持续 5 ~10s。

在电池老化测试期间，会定期中断老化充放电循环来进行运行参考性能测试（RPT），RPT 的目标是在老化测试期间绘制可用功率和能量变化。图 4.3 显示了功率-SOC 映射示意图，这采用了第 2 章中讨论的混合动力脉冲功率特性（HPPC 参见第 2 章）测试协议。在 BOL 可以在宽能量范围内（52% ΔSOC）满足功率需求。在 EOL，脉冲功率容量和总能量缩小，将满足应用功率要求的可用能量范围降低到窄范围（12% ΔSOC），见图 4.4。

设计人员必须对系统设计与设备寿命进行权衡。具有多余能量和功率的系统或使用强大的热管理系统的冗余设计将等同于更长的寿命，尽管会受到额外成本、质量和体积的影响。通常要进行设计权衡，以满足一些剧烈工况（即 95 分位值）和环境的寿命和循环次数要求。

设计具有余量的电池通常会比过大功率的电池带来更高的电池成本增加。根据经验，一定尺寸的电池包在寿命预测模型的误差范围内尽可能小地包含见余能量，并且提高功率以包含最大化可用的能量，特别是在寿命的后期。

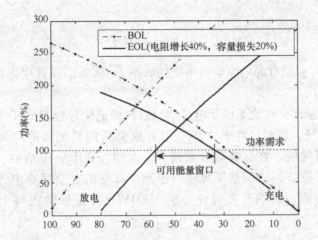

图 4.4 对于脉冲功率应用，由于电阻增长和容量损失，满足充放电功率要求的可用能量窗口将在整个寿命期间缩小

4.1.5 将电池寿命预测扩展到电池组

电池组或大型系统中单元的差异老化可能有很多原因。电池制造的可变性导致电池 BOL 性能差异和轻微的老化过程差异。老化差异也是由电池组中电池的温度梯度造成的。根据电池组的电气配置，电池均衡系统拓扑结构以及单个串联电池串、电池或电池串的主动切换可能会经历不同的电气充放电循环，从而影响老化。第 7 章将进一步讨论电池均衡。

本章介绍的电池老化模型可以通过捕获电池 BOL 和老化过程差异扩展到电池组，使用蒙特卡罗技术覆盖预测模型在不同循环下电池的电和热不均衡（分别见第 2 章和第 3 章）。

一旦估算出每个单元的性能衰减特性，就可以将它们各自的电阻和容量结合起来，以确定对电池组性能的影响。对于串联的 n 个电池（或串联的 n 组并联的超级电池），整个电池组的电阻将是各个电池的电阻之和。

$$R_{pack} = \sum_n R_t \tag{4.1}$$

电池组容量将根据成组时是否使用被动或主动均衡系统而变化。对于串联的电池串，利用无源电池均衡系统只是消耗性能好的电池的额外能量。在这种情况下，电池组容量将取决于电池组中最弱的电池。

$$Q_{pack} = \min_n(Q_t) \tag{4.2}$$

对于具有有源均衡的电池组，系统可以在电池之间迁移能量，并且电池组容量将接近。

$$Q_{pack} = \underset{n}{mean}(Q_t) \tag{4.3}$$

式（4.3）假设有源电池均衡系统的效率为100%。损耗由电路设计和工作电池的失配量决定。

本章的其余部分讨论了由于电化学/热/机械退化过程和EOL导致的电池单体级的性能衰减。然而，由于"坏"单元或突然的系统故障导致的新电池系统损坏也是可能的。在具有数百或数千个电池，数十个传感器、线束和连接器、电池管理系统，冷却系统风扇，泵和冷却液的复杂系统中尤其如此。必须通过故障模式、影响和关键性分析（FMECA）全面解决每个系统部件的故障。

4.1.6 电化学电池中的衰减机制

表4.2对电化学电池的衰减机制进行了分类。衰减起源于各种物理机制，其分类尺度从微米级电极活性颗粒到电池单元。

表4.2 电化学电池中的一般衰减机制

分类尺度	机　　制	物　　理
粒子	由于副反应副产物的沉积，电极表面上的阻抗膜	(E)CT
	电解质的化学不稳定性导致电极表面上的阻抗膜、副产物溶解到电解质中	(E)CT
	格子不稳定性影响粒子体积	C(T)
	由于材料在循环过程中的膨胀/收缩、颗粒破裂、迁移性能的衰减造成的电化学研磨	ECTM
复合电极	黏合剂分解，蠕变	(C)TM
	由于机械应力和断裂导致的电极区域的电绝缘	TM
	由于电极表面上的阻抗膜导致的电极区域的电绝缘	(E)CT
	由于孔隙被副反应副产物堵塞，电极区域的离子绝缘	(E)CT
	集电极腐蚀	CT
电解液	分解，离子迁移性能的衰减，气体的产生	(E)CT
	副反应副产物沉淀到阻碍离子迁移的孔隙中	(E)CT
隔膜	机械应力，黏弹性蠕变引起孔隙闭合	TM
	由于隔膜（或固体电解质）、金属枝晶或异物穿透隔膜的机械故障导致两个电极（内部短路）之间的电绝缘损失	M

（续）

长度尺度	机 制	物 理
	由于气体压力积聚和压缩不充分等机械力导致电极夹层分层	(E)CTM
电池	外力和振动破坏电池外壳、电极、隔膜、电路	M
	电解质通过单元壁损失，或者在潮湿环境中类似水的杂质进入	CT

注：E—电化学：循环相关机制。

C—化学：时间相关机制（通常与电化学状态耦合）。

T—热：温度相关机制。

M—机械：机械应力相关机制导致应变和断裂。

括号表示弱耦合。

在设计电池时，化学、电化学和机械耦合的衰减速率各异。通过改变电化学配方，引入电解质添加剂以稳定反应，或涂覆电极颗粒以提供阻止颗粒表面反应性的屏障，可以减慢化学衰减过程。可以通过改变或限制循环材料的电化学范围来延缓电化学衰减过程，化学和电化学反应速率也可以通过电极表面积来控制，具有较小表面积的大颗粒有利于减缓化学反应的速率，具有大表面积的小颗粒最适于促进高功率系统中简单的电化学反应。因此，当选择电极粒径时，存在日历寿命和性能之间的折中。机械耦合衰减可能受到调整颗粒形态、优化电池封装和制造工艺的影响。

一旦电池进入运行，电池的特定循环、温度和压力历史将决定其寿命。

4.1.7 锂离子电池常见的衰减机制

锂离子电池可能经历表4.2中提到的所有衰减机制。在详细讨论具体机制之前，图4.5描述了锂离子电池的典型电化学工作范围。对于在低于1.1V（相对Li/Li$^+$）的工作电位下工作的负电极，例如图中所示的石墨，电解质将在整个生命周期不断减少并且在负极上不断生长SEI膜层。在低于0V相对电位下运行任何负电极材料都可能在负电极表面上引起镀锂。所有众所周知的锂离子电解质都存在不稳定性，并且，在正极不氧化的情况下，不能在4.3～4.4V以上的电池电位工作，这限制了几种有前途的高压锂离子正极的引入。如果能找到一些允许更高工作电位的新电解质或表面涂层，则可增加锂离子系统的能量密度。另外，在图4.5中，随着材料收缩和膨胀，充电/放电循环与"电极呼吸"的应力相关。

高温和高充电截止电压（EoCV）加速了很多以下的反应。根据经验，温度升高15℃或EoCV升高0.1V会使寿命缩短一半。低温也可能加速衰减，低温下锂离子的缓慢迁移导致活性颗粒中浓度梯度过大，导致镀锂和颗粒破裂。接下来的部分将更详细地描述以下衰减机制：

电化学反应：

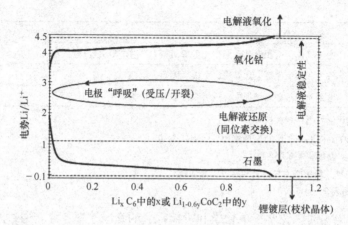

图4.5 锂离子电池的典型电化学工作窗口[3,4]

（1）SEI 形成和生长。

（2）镀锂。

（3）黏合剂分解。

（4）集流体腐蚀。

（5）电解液分解。

（6）金属氧化物正极分解。

电化学机械过程：

（1）SEI 断裂和重组。

（2）颗粒破裂。

（3）电极位移和断裂。

（4）隔膜黏弹性蠕变。

（5）气体积聚和机械后果。

1. SEI 形成和生长

固体电解质中间层对于利用石墨、硅和其他低压负电极的锂离子电池的运行是至关重要的。例如，石墨电极在高于参考电极（Li^+/Li）$0 \sim 300mV$ 范围工作时，典型的有机电解质在 $1.3V$（相对 Li^+/Li）以下不稳定。

由于这种不相容性，电解质产物在负电极表面处减少。一些负电极活性材料在更高电压范围工作并且在很大程度上避免了 SEI 形成。以钛酸锂为例，它在约 $1.5V$（Li/Li^+）下工作，这种高压负电极可以提供更长的日历寿命，但是由于整体电池工作电压较低会以牺牲能量密度为代价。

SEI 增长的系统级后果是：①化成循环内初始容量急剧下降（不可逆）；②可循环锂逐渐消耗导致容量损失（不可逆）；③负极表面阻抗薄膜层的增长导致功率损失（不可逆，虽然膜层可能被损坏导致暂时恢复功率）；④自放电（部分可逆）。

SEI 生长的典型模型是假设电解质溶剂（例如，碳酸亚乙酯（$C_3H_4O_3$））通过 SEI 扩散并在石墨/SEI 界面处还原形成碳酸锂（Li_2CO_3）[5]或二碳酸亚乙酯（$(CH_2OCO_2Li)_2$）[6]。在这两个反应中，前者从负极消耗可循环的 Li；后者从电解质盐中消耗 Li^+。

在这些模型中，SEI 生长速率受到溶剂扩散和 EC 分子的单电子还原动力学的限制。多个锂离子化学反应的数据很好地支持了扩散速率限制，其中性能衰减与 $t^{\frac{1}{2}}$ 曲线密切相关。混合的扩散动力学速率限制也是可能的，按照 t^z 衰减，$0.5 < z < 1$。从长远来看，锂离子、电子和其他参与物质的可用性也可能起限制作用。

SEI 的生成是锂离子制造的重要一步。化（化）成循环是在非常低的 C-倍率下进行初始充电，以避免溶剂与 Li^- 离子一起嵌入活性材料中。如图 4.6 所示，溶剂协同嵌入会导致石墨烯层的剥落或破裂，以及产生过多的气体。

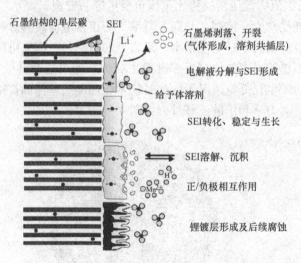

图4.6　SEI 形成和生长过程[7]

初始形成的 SEI 膜可能具有受电解质添加剂如碳酸甘油酯影响的致密结构。总之，化学、表面形态、处理过程、涂层、C-倍率和温度等因素可用于调节 SEI 初始形成。

一旦电池投入使用，SEI 生长将在整个寿命周期内以稳定的方式进行，由迁移（transport）或动力学过程控制。如果受扩散迁移过程的限制，SEI 增长将按照时间的平方根进行，混合扩散/动力学限制过程可以较快地进行。物质有限生长或 SEI 致密化过程可能导致 SEI 生长进展稍慢，在该稳定阶段，SEI 生长速率主要受负极中的高温和高充电状态的影响和加速，充电倍率也起到了一定的作用。

超过稳定阶段后，SEI 增长率会加速，导致性能突然下降，原因是：

- 通过沉积在负电极表面上的诸如锰或铜的杂质催化 SEI 反应。
- 机械耦合过程，如表面剥落和 SEI 微裂纹。
- 如果暴露在高温（高于 60℃）下，SEI 会溶解到电解液中。在低温下，溶解的 SEI 可在孔中重新沉淀，抑制离子移动。

除溶解外，短暂的高温会造成加速损坏。放热反应是热失控的前提，可能在 80℃ 以上发生。高温还可以引发有机 SEI 向无机产物的化学转化，所述无机产物更稳定但是极大地阻碍 Li^+ 离子迁移。

2. 镀锂

与常规的嵌入或转化反应过程相反，由于在电极表面会优先沉积金属锂，因此镀锂可以在负极上产生。镀锂发生在相对 Li^+/Li 电位 $<0V$ 的充电期间。与 SEI 形成和生长类似，低压负极将比高压负极更容易镀锂。

镀锂可以纯受动力学控制，与高电荷率下的正常电荷转移过程竞争。但考虑到石墨插层反应的动力学过电位很小，最常见的情况是在满充电时，石墨表面浓度达到饱和，石墨的平衡电位接近零时发生镀锂。如果这两种效应结合在一起，则镀锂最有可能发生在低温情况下，此时从颗粒表面到基体的扩散进行缓慢且处于高充电倍率。动力学和扩散迁移过程如图 4.7 所示。

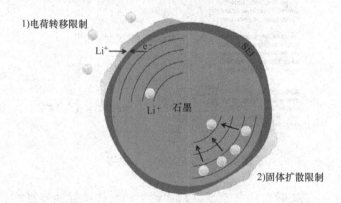

图 4.7 石墨表面镀锂[8]

在负极表面镀的锂中，一部分可以可逆地放电，开路电压相对 Li^+/Li 为 0V，而一些部分将不可逆地丢失。与电极断开的镀锂将导致不可逆的容量衰减和与电解质的反应。与电解质的反应可以是热失控的放热前兆，很可能在低温充电时突然升温。

镀层优先发生在电极颗粒的尖角处，靠近隔膜，或者在电极涂层的不均匀区域。这些区域都是电池内局部电子传导比离子传导快得多的区域。一旦形成镀锂，它就会以枝晶的形式生长，由于枝晶具有优良的电子传导性，使得在枝晶的尖端不断地镀覆。

另一处易镀锂的位置是在负极板的边缘，如正负极板之间的不匹配可导致电池中某些位置出现过量正极。在充电期间，正极区域将提供锂的来源，但没有足够的负主体材料来接受锂，锂会在负极板的边缘处镀覆。通过设计负电极片略大于正电极片，可以容易地减少电极边缘处的锂，使其悬垂 1mm 左右以适应电极堆叠/缠绕过程中的制造公差。

如图 4.8 所示，锂枝晶呈树枝状细晶须结构。这种薄结构可以穿透隔膜，在孔隙中生长。如果枝晶完全跨过隔膜从负极到正极，则电池将形成内部短路。如果枝晶没有自行烧掉，内部短路可能产生足够的热量，导致热失控。

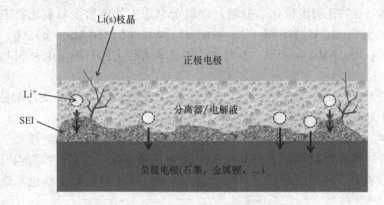

图 4.8　由镀锂/沉积反应形成的枝晶[9]

3. 黏合剂分解

聚偏二氟乙烯（PVDF）和其他含氟聚合物黏合剂可与负极反应形成 LiF。高温会损坏黏合剂，降低其机械性能。在循环引起的应力下可能发生粘弹性蠕变或电极颗粒的轻微位移，并且可能在远低于黏合剂的玻璃化转变温度的温度下发生。

黏合剂分解损害颗粒与颗粒和颗粒与集流体（collector）的黏合强度。与循环相结合，电极的一些部分可以分离并且电绝缘。

4. 集流体腐蚀

选择集流体材料以与每个电极的电化学电压范围兼容。对于锂离子电池，材料通常是负极的铜和正极的铝。

如果铜暴露于高正电位下（相对 Li^+/Li），（例如：如果电池处于过放电状态，且相对 $Li^+/Li > 3V$），铜可能溶解到电解质中[10]，污染负电极表面，并作为加速 SEI 增长的催化剂。在电解质中存在的诸如 H_2O 和 HF 杂质可以加速腐蚀。

腐蚀还会损害电极与集流体的机械黏合强度,这种损坏可能导致电极与集流体分层和绝缘。铝和其他集流体可以预先涂覆石墨以改善稳定性和黏附性。

5. 电解液分解

在 SEI 形成期间可以在负电极处还原电解质,并且随着 Li^+ 的消耗而生长。对于 $LiPF_6$ 盐系统,PF_6 可以在水分存在下转化为 HF。用作 HF 清除剂的电解质添加剂减少了 HF 酸侵蚀电极的后果,该电极可分解表面膜层并溶解金属氧化物正电极中的金属。

电解液在高电压下,会在正电极处氧化,氧化物层在正极上起阻性表面膜的作用。还原和氧化反应都会产生气体,在高 SOC、温度和充电倍率下加速反应。

6. 金属氧化物正极分解

金属氧化物正极可以化学分解。锂离子电池中的典型金属氧化物电极包括 $LiMn_2O_4$、$LiCoO_2$、$Li(NiaMnbCo_{1-a-b})O_2$ 和 $Li(NiaCobAl_{1-a-b})O_2$,分别称为 LMO、LCO、NMC 和 NCA。这与化学组成非常稳定的石墨负电极和 FEP 正电极形成对比。

由于无序、晶格不稳定、溶解和其他表面效应而发生分解,无序和晶格畸变化学变化可以与电化学和机械过程耦合。

无序。 金属氧化物可能经历结构无序反应,其中金属离子与锂离子交换位置,降低材料嵌入 Li 的能力。纯 $LiNiO_2$ 因为这种方式不稳定。掺杂铝(Al)或钴(Co)在很大程度上稳定了材料。锰(Mn)和 Li 的现场交换也见诸过报道(见图 4.9)。

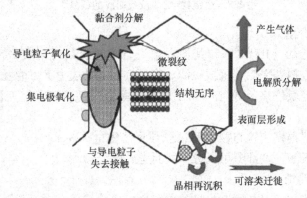

图 4.9　金属氧化物正极的衰减过程概述[7]

晶格不稳定。 对于所有金属氧化物正电极,低化学计量/高电压范围是热力学不稳定的,使得理论容量的 30% ~ 50% 不可用。接近完全脱锂,Li(金属)O_2 材料从单斜相转变为六方相,具有很大的体积变化,导致晶格坍塌。对于

LMO，其高化学计量范围，对于放空的电池来说也是不稳定的。如果将电池过分放电，完全插入的 LMO 可以接受额外的 Li 并且形成 Mn^{3+} Jahn-Teller 失真的四方相，在电池再充电时将无法恢复到标准尖晶石结构。

溶解。过渡金属的化学溶解可能发生，特别是在极端的充电或放电时。虽然 Co 溶解不会对性能衰减产生很大影响，但一旦 Mn 不可避免地迁移/沉积在负极上，Mn 就是加速 SEI 生长的已知催化剂，如图 4.10 所示。如果在高于 4.2V（相对 Li^+/Li）下充电，则 Co 可能从 $LiCoO_2$ 中溶解。锰可以在几种情况下溶解。在放电状态下，三价 Mn 离子转化成四价和二价离子 Mn^{2+} 可溶并溶解在电解质中。缺失的 Mn 位置被 Li 取代，从而导致正电极表面形成阻抗膜。Mn 也可以在与 HF 的化学脱锂反应中溶解，HF 是 $LiPF_6$ 盐与 H_2O 杂质反应的副产物[11]。

$$2Mn^{3+} \rightarrow Mn^{4+} + Mn^{2+}$$

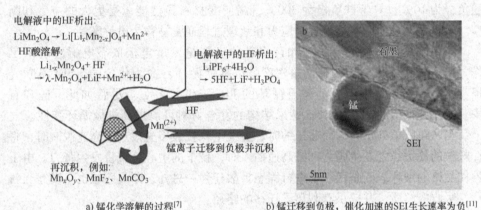

a) 锰化学溶解的过程[7]　　　　b) 锰迁移到负极，催化加速的SEI生长速率为负[11]

图 4.10　锰化学溶解及迁移

总之，通过减少表面积，掺杂或混合材料（例如 LMO 混合的 NCA 或 LCO），并通过掺入充当 HF 清除剂的电解质添加剂，可以降低溶解的速率。

表面效应。表面阻抗层显示具有 NCA 和其他镍酸盐材料，特别是当充电到 4.2V（相对于 Li^+/Li）时。这些影响可归因于表面电解质氧化、$LiPF_6$ 分解或氧损失导致表面处的氧化相不足，可能是低锂离子传导性的岩盐结构，诸如氧气（O_2）、二氧化碳（CO_2）、一氧化碳（CO）、碳（C）和氢气（H_2）等气体，可能由于正表面上的各种副反应而演化。

7. SEI 断裂与重组

随着活性材料颗粒在嵌入或电化学转化过程中的膨胀和收缩，化学稳定的表面膜可能出现微裂纹，表面薄膜中的裂缝为进一步反应提供了新的位置。虽然 SEI 的电化学生长主要与日历寿命有关，但 SEI 断裂和重组是加速日历衰减过程的典型原因,具有轻度至中度的循环。除了由于颗粒应变引起的 SEI 破裂之外,由于黏合剂黏弹性蠕变引起的颗粒间位移也可能为 SEI 生长开辟新的场所,导致循环寿命相关的 SEI 生长较标称的日历寿命相关的副反应加速。

8. 颗粒破裂

嵌入或转化诱导的晶格膨胀/收缩可导致负极和正极活性材料中的裂纹发展。粒子应变、应力和断裂是由 SOC 的体积变化以及浓度梯度引起的。由 SOC 变化引起的体积应变是在充放电过程中 ΔSOC 引起波动的结果,这在很大程度上是不可避免的。在循环期间可以避免具有大应变和晶格畸变的 ΔSOC 相变区。高 C-倍率和低温加剧了浓度梯度或扩散诱导的压力。

这种衰减模式是通过深度充放电循环导致电池性能更快衰减的主要原因,部分充放电循环比完整循环引起更小的机械应力。

完全放电和充电期间体积变化的量级对于金属氧化物正极为约 5%,对于石墨负极为 10%,对于硅负极为 300%,高应变材料显然能承受更大的应力和断裂。电化学循环期间的这种连续应力和断裂过程通常被称为电解磨削。

不幸的是,正在研究的硅和许多其他高能量密度电极依靠电解磨削来工作,由于体积膨胀它们的高能量密度是以降低循环寿命为代价的。SEI 不断受损和再生,从系统中不断消耗可循环的 Li,降低了容量。尽管如此,硅和石墨、Si 纳米颗粒以及各种其他纳米结构的复合材料可以提高机械循环弹性。

当颗粒区域处于拉伸而非压缩时,会发生颗粒破裂失效。当高速脱嵌时,将在颗粒的外边缘处发生张力;当高速插入时,粒子的中心区域将发生张力。由于颗粒晶格的破坏,断裂区很难进行固态扩散迁移;另外,断裂区域也可以充当新孔,吸收电解质,并提供有利离子迁移的路径。

9. 电极位移和断裂

应力和断裂也可以在电极和更大的长度尺度上发挥作用。应力可以是嵌入或转化诱导的,由电池单元的可变热膨胀率进行热诱导,受到气体压力的影响,从而使电池电极堆栈或卷绕电极受力电池电极堆或缠绕胶卷。这种故障通常在电极边缘或圆柱形卷绕电池的中心核心区域是明显的,这些地方是高温和高应力的叠加。

黏合剂失效、集流体腐蚀和前面提到的表面膜生长机制会加剧电极的位移和断裂。机械衰减减轻了卷绕/堆叠和电解质填充过程中的一些残余应力,电解质填充导致隔膜和黏合剂膨胀约 10%。

与黏合剂失效、集流体腐蚀和表面膜生长一样,断裂电极的区域局部电子传导性较差。电子传导性不良导致电池的剩余健康区域以越来越高的速率循环。不均匀充放电提高了剩余活性位点上的应力,并促进了有害副反应的发生,加速了衰减。

10. 隔膜黏弹性蠕变

聚合物和聚合物复合材料隔膜具有黏弹性力学性能。在短期内，这种行为是弹性的，这意味着当压力消除时变形将恢复。然而，在恒定应力下，例如在紧密缠绕的卷绕或压缩电极堆栈中，隔膜材料可随时间流动，隔膜材料的流动可以封闭孔隙并阻碍电解质中的带电物质如 Li^+ 的迁移。

11. 气体积聚和机械后果

气体产生是电极表面的电解质还原/氧化副反应的结果。气体产生导致压力增加，从而在电极和电池部件上施加机械应力。在寿命周期内，气体的产生将导致电池包装和单元内部组件的膨胀，多孔电极和隔膜可能会有一些气泡，剩余的气体储存在电池包装的空隙中。这两种效应都会导致单元在整个寿命中显著膨胀，电极局部区域的分层将加速单元剩余健康区域的应力，导致性能快速地衰减。

在极端情况下，过多的气体生成将触发电池排气。硬质金属壳包装通过专门设计的通风口释放气体，软包电池的故障点可以通过包装或模块设计进行一定程度的调整。显然，电池排气会导致电解质干涸和性能快速下降，电池排气的危险在于 $LiPF_6$ 盐会与空气中的水分发生反应，形成致癌物质 HF。另外，锂离子电解质是易燃的。

4.2　建模

本节讨论基于化学、电化学和电化学机械机制的循环和日历衰减模型。对于特定电池技术，寿命模型中必须包含哪些衰减机制，这一点很少被人们所知。通常必须假设几种代表衰减机制，在模型中制定，并基于与可用数据相比的模型的统计准确性来确认/否定。

4.2.1 节讨论了基于物理的退化模型，并以锂离子系统为例。物理衰减模型补充了第 2 章的电化学模型，4.2.2 节讨论了补充等效电路和系统模型的半经验衰减模型。

基于物理的衰减模型提供预测能力和化学物质的可扩展性，以及如何改进电池设计。然而，物理模型的开发和老化实验的特征很复杂。

对于系统设计者而言，半经验模型提供了一种更加直接的方法来预测加速老化实验的寿命。给定足够的老化测试数据来完善半经验模型，这种模型可用于电池多余能量/功率大小、寿命/保修、温度和允许充放电协议之间的折中研究。在系统工程的讨论中，第 7 章给出了老化测试数据的示例，并描述了半经验寿命模型对数据的回归。

4.2.1 基于物理的模型

基于物理的寿命模型建立在第 2 章介绍的电化学性能模型的基础上，引入速率定律描述模拟寿命过程中性能模型的性质变化。按重要性粗略排列，表 4.3 列出了常见的电化学模型参数随寿命的变化。性能模型的这些参数用作表示寿命模型的状态，寿命模型状态有效地包含了生命周期中的任何时刻、定义电池健康和性能所需的最小信息集。

表 4.3　随寿命变化的电化学模型性质

变量（单位）	描　述	相关属性（i = n, p）	物理
$\delta_{film,n}$, $\delta_{film,p}$/m	在正反面上的阻抗膜厚度，例如 SEI	$R_{film,i} = \delta_{film,i}/k_{film,i}$ $k_{film,i} = f(T)$	（E）CT
ε_n, ε_p	电极活性材料体积分数（电极损伤累积时的变化）	$q_i = \varepsilon_i/F(A\delta_i c_{smax,i}\Delta\theta_i)/F$	ECTM
$D_{s,n}$, $D_{s,p}$ /（m²/s）	负和正的固体扩散（电极损伤累积时的变化）	$D_{s,i} = f(\varepsilon_i)$	（ECT）M
$a_{s,n}$, $a_{s,p}$/m³	界面表面积（电极损伤累积时的变化）	$a_{s,i} = f(\varepsilon_i)$	（ECT）M
σ_n, σ_p/（S/m）	电极的电子传导性（电极损伤累积时的变化）	$\sigma_i = f(\varepsilon_i)$	（ECT）M
$C_{e,0}$/（mol/m³）	电解质盐的平均浓度（副反应消耗）	$D_e = f(c_e, T)$, $k_e = f(c_e, T)$	ECT
ε_e	电极孔隙率（通过阻抗膜和电解质中其他副反应的副产物逐渐减少）	$D_e^{eff} = D_e \varepsilon_e^{1.5}$ $k_e^{eff} = k_e \varepsilon_e^{1.5}$	ECT

注：E—电化学，与循环相关

　　C—化学，与时间相关（虽然通常与电化学状态耦合）

　　T—热，与温度相关

　　M—机械，与机械应力相关，导致应变和断裂

在下面的部分给出了负电极表面上 SEI 膜厚度、负体积分数和正体积分数上的体积分数（$\delta_{film,n}$，ε_n 和 ε_p）的衰减速率规律。

1. 反应/迁移模式

在负电极处的反应作为混合动力学/迁移限制的电化学热反应的一个例子。图 4.11 总结了负极发生的反应。第 2 章的电化学性能模型仅包括负的插层反应，$j^{Li} = j^{Li}_{intercalation}$。图 4.11 包括六个额外的副反应：

- 1，2：Li⁺ 从电解质损失形成 SEI 产物（CH_2OCO_2Li）^{2}[6]；
- 3：可循环 Li 从负极损失形成 SEI 产物 Li_2CO_3[5]；
- 6：在负极表面充电期间镀锂，部分可逆[5]；

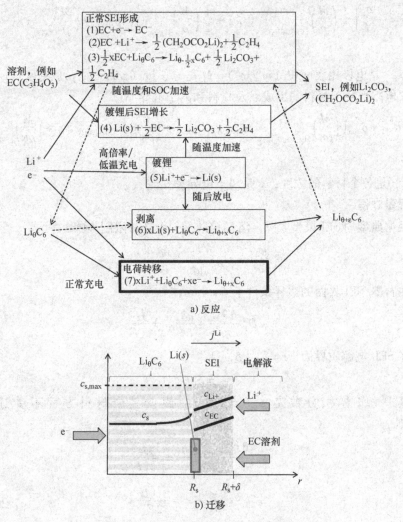

图 4.11　锂离子石墨负极的多反应迁移模型

- 4：镀锂形成 SEI 产物 Li_2CO_3，不可逆[5]；
- 5：在随后的放电过程中剥离镀锂的锂[5]。

负的总反应如式（4.4）所示，单位 A/m^3：

$$j^{Li} = j^{Li}_{intercalation} + \sum_{i=3}^{6} j^{Li}_i \tag{4.4}$$

薄膜增长

假设负极膜由反应产物的均匀混合物组成，则膜厚度增长速率的定律（m/s）为

$$\frac{\partial \delta_{film}}{\partial t} = -\frac{a_n}{F}\Bigg[\frac{1}{2}\Big(\frac{M}{\rho}\Big)_{(CH_2OCH_2Li)_2}(j_2^{Li}) + \frac{1}{2}\Big(\frac{M}{\rho}\Big)_{Li_2CO_3}(j_3^{Li} + j_4^{Li}) + \Big(\frac{M}{\rho}\Big)_{Li(s)}(j_5^{Li} + j_6^{Li})\Bigg]$$

(4.5)

式中，a_n 是电极比表面积（m^2/m^3）；M 是分子量（g/mol）；ρ 是密度（g/m^3）。

膜电阻取决于材料的组成以及材料和离子电导率：

$$R_{film} = R_{SEI}^0 + \delta_{film}\Bigg[\Big(\frac{M}{\rho\kappa}\Big)_{(CH_2OCH_2Li)_2}c_{(CH_2OCH_2Li)_2(SEI)} + \Big(\frac{M}{\rho\kappa}\Big)_{Li_2CO_3}c_{Li_2CO_3(SEI)} + \Big(\frac{M}{\rho\kappa}\Big)_{Li(s)}c_{Li(s)}\Bigg]$$

(4.6)

式中，c_i 是各个材料的浓度；κ 是离子电导率。

质量守恒

根据典型的 SEI 模型[5,11]，溶剂扩散是一个迁移限制步骤

$$\frac{\partial c_{EC}}{\partial t} = D_{EC}\frac{\partial^2 c_{EC}}{\partial r^2} - \frac{\partial \delta}{\partial t}\frac{\partial c_{EC}}{\partial r}$$

(4.7)

在石墨/SEI 界面的边界条件下（$r = R$）

$$-D_{EC}\frac{\partial^2 c_{EC}}{\partial r^2} + \frac{\partial \delta}{\partial t}c_{EC} = \frac{j_2}{a_nF}$$

(4.8)

在 SEI/电解质界面，$r = R_s + \delta$，且

$$c_{EC} = \varepsilon_{film}c_{EC}^0$$

(4.9)

其中 SEI 体积分数是 $\varepsilon_{flim} = a_n\delta_{film}$。假设其余材料方程不受迁移限制，则

$$\varepsilon_{fim}\frac{\partial \dot{c}_{(CH_2OCO_2Li)_2}}{\partial t} = -\frac{j_2}{2F}$$

(4.10)

$$\varepsilon_{film}\frac{\partial \dot{c}_{Li_2CO_3}}{\partial t} = -\frac{j_3 + j_4}{2F}$$

(4.11)

$$\varepsilon_{film}\frac{\partial \dot{c}_{Li(s)}}{\partial t} = -\frac{j_5 + j_6}{2F}$$

(4.12)

动力学

动力学通常的做法是使用 Butler-Volmer 动力学模拟插层反应，用 Tafel 动力学描述不可逆的副反应。插层反应如下：

$$j_{intercalation}^{Li} = a_ni_{0,n}\Bigg[\exp\Big(\frac{\alpha_{a,n}F}{R_{ug}T}\eta_n\Big) - \exp\Big(-\frac{\alpha_{c,n}F}{R_{ug}T}\eta_n\Big)\Bigg]$$

(4.13)

$$\eta_n = \phi_s - \phi_e - U_n^{ref} - \frac{j_{total}^{Li}}{a}R_{film}$$

(4.14)

EC 还原的动力学反应 1，由 Tafel 方程描述为

$$j_{sei} = -a_n i_{0,sei}\left[-\exp\left(-\frac{\alpha_{c,n}F}{R_{ug}T}\eta_{sei} \right) \right] \qquad (4.15)$$

$$\eta_1 = \phi_s - \phi_e - U_1^{ref} - \frac{j_{total}^{Li}}{a_n}R_{film} \qquad (4.16)$$

类似的塔菲尔动力学方程也适应于反应 3～6。

在这个负电极膜生长的这个例子之后,可以开发类似的模型用于电解质氧化和金属溶解(例如 Cu、Mn)和晶格位错。

2. 机械应力

库仑通量或能量通量有时被用作描述机械应力诱发的衰减,并且回归到实验容量数据[15],这些模型很难扩展到各种循环条件[16]。

机械应力效应已经实现从粒子级到电极夹层级[9,17],电池级[18,24]和电池组[19]的尺度上建模。例如,粒子应力研究表明,在快速充电过程中可能发生故障,其中 Li 嵌入负极活性颗粒的速率在颗粒的外半径处导致更快的膨胀速率,从而在内核中可能导致高强度应力破裂,如图4.12a 所示。在脱嵌期间,在颗粒外部发生高强度应力,见图4.12b。

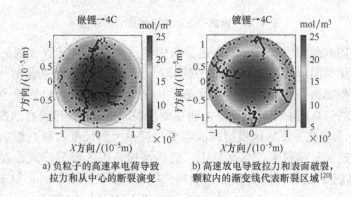

a) 负粒子的高速率电荷导致拉力和从中心的断裂演变

b) 高速放电导致拉力和表面破裂,颗粒内的渐变线代表断裂区域[20]

图4.12 机械应力

总的来说,应力可以是浓度、温度或压力引起的,总结如图4.13 所示。影响电池电化学性能和寿命的应力源包括:

- 制造过程中的残余应力(例如,在电解质填充过程中,卷绕张力、电池包装、黏合剂和隔膜膨胀)。
- 外部负载和力(如模块和包装内的电池包装、应用环境中电池组可能产生的振动或冲击负载)。
- 在充放电过程中的应力(例如材料膨胀/收缩与浓度和温度)。
- 寿命周期内的变化(例如气体压力增加、复合材料的损坏以及机械性能的变化)。

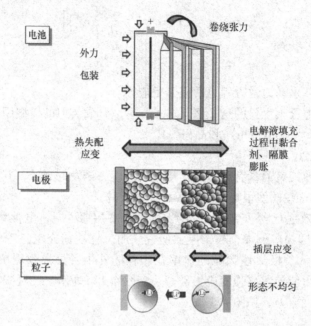

图 4.13　锂离子电池内机械应力的来源

可以使用有限元模型来处理上述分析中的一些电池及其组件的固体力学行为，忽略电化学循环的细节。然而，对于寿命预测模型，希望能预测与微机械应力相关的累积损伤和性能衰减。离散元法（DEM）是研究微机械应力和断裂的一种实用方法，它随着充放电循环的演变而发展。这种模型已经在活性材料的粒子的尺度[11]上实施，尽管该模型可能需要包括更大的尺度以捕获影响电池寿命的所有相关机械衰减机制。在文献中，更典型地是引入经验公式，将循环电流或C-倍率分别与负活性材料和正活性材料的损失相关联，即 $d\varepsilon_n/dt$ 和 $d\varepsilon_p/dt$ [21]。

$$d\varepsilon_i/dt = k_0 \exp(-E_a/R_t)\,|I(t)| \qquad (4.17)$$

4.2.2　半经验模型

物理退化机制的等效模型可以写成简单的公式，以匹配在电池单元寿命测试数据中观察到的老化趋势，这是加速压力测试和寿命验证文献中的常见做法。与物理模型相比，这些等效模型相对容易建立，回归到老化数据，并进行包括统计置信区间的预测。

例如，内阻增长的模型可以假设为内阻增长与日历时间 t 和电化学热机械循环的数量 N 相加

$$R = a_0 + a_1 t^z + a_2 N \qquad (4.18)$$

容量衰减的等效模型可以假设容量 q 受到单元中可循环 Li、q_{Li} 或电极活性位

点（q_{sites}）的影响，则

$$q = \min(q_{\langle\langle\langle}, q) \tag{4.19}$$

$$q_{Li} = b_0 + b_1 t^z + b_2 N \tag{4.20}$$

$$q_{sites} = c_0 + c_2 N \tag{4.21}$$

该模型[22]再现了容量衰减数据中观察到的几个常见特征：

（1）在纯储存条件（$b_1 t^z$）或低至中等循环条件下（$b_2 N$）老化的电池具有良好的衰减规律。

（2）线性衰减规律的衰减（$c_2 N$）为

1）从 BOL 开始，电池在中等至高应力水平下重复循环，例如在加速循环测试期间。

2）在 SEI 增长受控的初始缓慢衰减之后，容量衰减率突然加速。

上述半经验寿命模型可以进一步概括：

设 $y(t, N)$ 是测量的性能度量（例如 R 或 q），其可描述为多个退化状态 x_i 的函数（例如 $y = f(x_1, x_2, x_3, \cdots)$）。

表 4.4 列出了用于跟踪退化状态变量 x_i 的建议方程式。由表 4.4 中等式产生的衰减轨迹如图 4.14 所示。

表 4.4　用于通用退化机制的性能衰减轨迹方程

机制	轨迹方程	状态方程	适合参数	物理
扩散控制反应	$x(t) = kt^{1/2}$	$\dot{x}(t) = \dfrac{k}{2}\left(\dfrac{k}{x(t)}\right)$	k, 倍率 $(p=1/2)$	(E)CT(M)
动力学控制反应	$x(t) = kt$	$\dot{x}(t) = k$	k, 倍率 $(p=1)$	(E)CT
混合扩散/动力学	$x(t) = kt^p$	$\dot{x}(t) = kp\left(\dfrac{k}{x(t)}\right)^{\left(\frac{1-p}{p}\right)}$	k, 倍率 p, 阶次, $0.4 < z < 1$	(E)CT(M)
循环衰减，线性	$x(N) = kN$	$\dot{x}(N) = k$	k, 倍率 $(p=0)$	E(T)M
循环衰减，加速	$x(N) = \left[x_0^{1+p} + kx_0^p(1+p)N\right]^{\frac{1}{1+p}}$	$\dot{x}(N) = k\left(\dfrac{x_0}{x(N)}\right)^p$	k, 倍率 p, 阶次, $0 \leqslant p < 1.5$	E(T)M
开始过程	$x(t) = M(1 - \exp(-kt))$ 或 $x(N)$	$\dot{x}(t) = k(M - x(t))$	M, 衰减极限 k, 倍率	ECTM
Sigmoidal 反应式	$x(t) = M\left[1 - \dfrac{2}{1 + \exp(kt^p)}\right]$ 或 $x(N)$	$\dot{x}(t) = \dfrac{2MkpX(t)\exp(kX(t))}{[1 + \exp(kX(t))]^2}$ $X(t) = \left\{\dfrac{1}{k}\ln\left(\dfrac{2}{1 - x(t)/M} - 1\right)\right\}$	M, 衰减极限 k, 倍率 p, 阶次	ECTM

注：E—电化学，与循环相关

C—化学，与时间相关（虽然通常与电化学状态耦合）

T—热，与温度相关

M—机械，与机械应力相关，导致应变和断裂

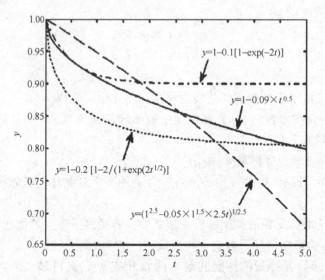

图 4. 14　由表 4.4 中的等式产生的衰减轨迹

扩散、动力学和混合扩散动力学过程的实例有 SEI 膜形成、金属氧化物上的膜形成和电解质还原/氧化。开始过程的例子有将储备 Li 释放到最初不可用的系统中，在初始循环期间重新排序无序晶格，或者利用微粒的微裂纹开启新的电化学活性表面区域。

循环衰减的例子包括由电化学循环带来的副反应，例如镀锂或由插层和热诱导的应变引起的应力和断裂。关于嵌入引起的应力/应变和断裂，随着电池劣化而强度下降的电压限制循环可以表现出几乎线性的衰减行为 $p \sim 0$。具有恒定库仑（Ah）吞吐量的循环可以表现出温和的加速趋势 $p \sim 1$，因为剩余电极位置在逐渐更高的水平处受到应力以维持相同的循环。具有恒定能量适量（Wh）的循环可以表现出甚至更快的加速趋势，$p > 1$。

一旦回归到电池寿命测试数据，该模型可以相对于时间 t 和周期 N 外推至某些 EOL 条件。第 7.7 节给出了数据回归的例子，但简而言之，模型回归步骤是：

（1）假设衰减机制。创建一个试验函数，结合表 4.4 中的轨迹方程，$y = f(x_1, x_2, \cdots)$，用来描述假设衰减机制的性能衰减。

（2）局部模型回归。将模型 $y(t, N)$ 分别回归到每个老化测试条件以找到衰减速率 k_i（阶数 z_i 和 p_i 可以被回归或固定在最能代表机制假设的常数值）。

（3）速率模型回归。绘制速率 k_i 与循环老化压力因素如温度 T，SOC，DOD 和 C-倍率的关系。假设速率方程在功能上描述衰减速率与压力源的关系（例如，$k = k_{ref} f(T, SOC, DOD, C\text{-倍率}, \cdots)$），表 4.5 给出了一组建议的速率模型方程。回归率模型系数，可以使用多项式或查找表。

表 4.5 示例速率模型的方程：描述衰减率加速度与存储或循环条件应力因子的加速度的关系

	加速期限	适合参数	物理
Arrhenius 随温度加速	$\theta_T = \exp\left[\dfrac{-E_a}{R_{ug}}\left(\dfrac{1}{T(t)} - \dfrac{1}{T_{ref}} \right) \right]$	E_a	ECTM
Tafel 加速电压	$\theta_V = \exp\left[\dfrac{\alpha F}{R_{ug}}\left(\dfrac{V_{oc}(t)}{T(t)} - \dfrac{V_{oc.\,ref}}{T_{ref}} \right) \right]$	α	ECT(M)
整体插层应力	$\theta_{\Delta DOD} = \left(\dfrac{\Delta DOD_i}{\Delta DOD_{ref}} \right)^{\beta}$	β	EM
插层扩散梯度应力	$\theta_{C-rate} = \left(\dfrac{C_{rate,i}}{C_{rate,ref}} \right)\left(\sqrt{\dfrac{t_{pulse,i}}{t_{pulse,ref}}} \right)$	—	EM
热应力	$\theta_{\Delta T} = (\Delta T_i)^{\gamma}$	γ	TM

注：E—电化学，与循环相关

C—化学，与时间相关（虽然通常与电化学状态耦合）

T—热，与温度相关

M—机械，与机械应力相关，导致应变和断裂

（4）全局模型回归。将速率方程替换为性能衰减模型，以创建一个功能与占空比相关的模型，$y(t, N; T, SOC, DOD, C\text{-倍率}, \cdots)$。重复回归模型参数直到最优地表示全局（整个）数据集。

（5）评估模型的统计有效性。迭代机制假设和试验功能。比较试验模型中的回归统计（例如，均方误差 R^2，调整后的 R^2），选择最具统计相关性的模型。

4.3 测试

对于电池设计者，老化/寿命测试的目标是识别主要故障模式。将失效模式的知识反馈到设计过程中，以便通过设计改进来减少它们。对于系统设计人员来说，老化测试的一个重要目标是测量性能衰减率、输入寿命预测模型。然后，寿命模型指导系统 BOL 过剩能量和功率的适当调整。寿命模型的不确定性必须通过能量和功率的冗余来调节，这会带来额外的成本。显然，寿命建模的目标是尽量减少预测终身寿命的不确定性。

如前所述，电池性能会因以下原因而降低：

- 在给定温度和 SOC 下日历寿命 t 的消耗。
- 充放电次数 N，以及循环的速率、温度和 SOC 窗口。
- 日历和循环老化耦合机制，引入老化过程的路径依赖性。

为了辅助讨论锂离子电池的寿命测试，表4.6总结了主导的老化机制和典型的工作条件。

表 4.6 典型的锂离子电池衰减过程和对操作条件的依赖性

电化学反应	相关参数
SEI 的形成和发展	高温度、SOC_{max}、高充电率
镀锂	低温度、高充电率
黏合剂分解，失效	高温度、压力
集电极腐蚀	过放电、过充电、高温度存储
电解质分解	高温度、过充电、SOC_{max}
电化学机械过程	**相关参数**
SEI 断裂和重组	高温、高 C- 倍率
颗粒破裂	低温、高 C- 倍率、高 DOD
电极断裂	低温、高 C- 倍率、高 DOD
隔膜黏弹性蠕变	高温、高堆叠压力
气体堆积和机械后果	高温、高 SOC、高充电 C- 倍率

寿命测试和验证过程涉及多个步骤：

（1）量化预期的工作循环和环境。从现场收集统计数据，或使用系统模型（第2章和第3章）来模拟能量存储系统中的电池行为。统计分类场景以识别用于老化测试的最坏工作情况循环（例如，95分位值充放电功率曲线、温度和压力）。

（2）定义 EOL 条件。使用来自电池供应商的数据或经验法则（例如，EOL 为 20% 至 30% 衰减），大致定义电池尺寸。确定代表 EOL 的容量和/或内阻衰减水平。注意，EOL 可能处于某些特定的操作条件下（例如在低温和低 SOC 下的脉冲功率要求）。

（3）实验设计。创建老化测试矩阵充放电功率曲线、温度、待测压力。

（4）设计 RPT。RPT 在整个寿命周期内提供可重复的内阻和容量基准测量。RPT 通常在中度加速老化条件下每月进行一次，或者在高度加速老化条件下每周进行一次。

（5）进行老化实验。根据现场设计所需的寿命预测置信水平，运行老化测试循环数月至数年。

（6）进行诊断实验。诸如电化学阻抗谱（EIS）的无创实验可以作为 RPT 的一部分周期性地进行。可以在老化实验结束时进行侵入性实验（例如，电池拆除和使用提取的电极样品构建半电池以分别测量各个电极的剩余性能）。

（7）寿命模型与数据匹配。将半经验模型或基于物理的寿命模型回归到老化实验期间测量的内阻增大和容量衰减数据上。

（8）完善系统设计和控制策略。确定达到时寿命所需的 BOL 过剩功率/能量。设计热管理系统并确定温度控制设定点；设置电流和功率限制与 SOC 和 T，以避免工作区间造成过度的伤害。

4.3.1 筛选/基准测试

老化测试可以分几轮进行。在设计一整套实验之前，进行小规模的筛选实验是很有用的，用来确定需要激发的主要机制以及适合完全老化测试的应力水平。

基准测试为比较不同技术提供了有用的参考数据。标准数据有助于跟踪来自不同供应商的技术、制造批次的变化以及设计传统。建议的筛选/基准测试见表 4.7。

表 4.7 建议的筛选/基准测试

循环/储存条件	温度/℃	目　　的
日历存储	55~60	评估日历寿命。在这种恶劣条件下持续约 1 年的单元可能在 20~30℃下持续约 10 年
100% 充放电循环	20~30	循环寿命的最佳情况评估，在与应用类似的有利温度下进行
100% 充放电循环	45~60	在最坏情况下进行的最坏情况的循环寿命评估。用于识别可能在实际应用中发生的日历/循环耦合故障模式

在设计一个新的电池化学组成，几何形状或封装时，在可能的情况下对小规模样品进行老化研究花费更少。例如，通常以 mAh 大小的纽扣电池，测试新的电化学材料。但是，对于大型电池或系统设计寿命的完全验证难以从小规模结果扩展，特别是与热机电效应的耦合机制。基于物理的模型有潜力将小电池单元老化测试结果外推至大容量电池虚拟设计。

4.3.2 实验设计

从系统角度来看，实验设计需要建立一个测试矩阵，用于研究应力因子的水平和组合，以探索衰减情况。目标是最大化统计有效性并最小化映射衰减空间所需的实验数量。

实验选取一组正交的应力因子；既不相关，又有效地相互对比。这最大程度减少了在不同老化条件下运行的测试所收集的重复数据。例如，SOC 和开路电压是高度相关的变量，应该只选择这两个中的一个作为压力因素。

通过全因子测试（即一次改变一个应力因子的实验设计）来确定衰减速率与应力因子多维空间通常太昂贵，使用部分因子实验来绘制空间的方法包括

Fisher，Box 和 Taguchi 方法。

应根据影响衰减速率的预期加速因子进行选择。应当对应用工况情景进行统计分析，以确定压力的统计水平（如 T 的 95 分位值、C-倍率、OCV 或 SOC、DOD）。对于日历衰减，T 和 SOC（或 OCV）的时间平均值和最大值是重要的压力源。对于功率应用，或者需要考虑热行为时，方均根（RMS）电流是匹配的重要指标。

对于循环寿命限制，DOD 起着重要作用，在低温下加速可归因于脆性材料性质，在高温下可归因于黏合剂和隔膜蠕变。充放电荷的平均 C-倍率和脉冲时间（或脉冲时间的平方根）也是描述浓度梯度程度的重要度量。不是通过时间平均时间统计来表示一个工况循环，最好通过将工况循环分解为微循环来分析，例如通过取 C-倍率的变化均值，或者使用机械疲劳相关文献中的雨流算法。与 C-倍率一起，可以对其他循环应力因子进行分类和绘图。C-倍率、温度和 SOC 与脉冲时间的直方图示例如图 4.15 所示。

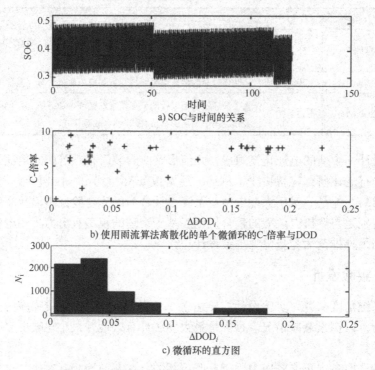

a) SOC与时间的关系

b) 使用雨流算法离散化的单个微循环的C-倍率与DOD

c) 微循环的直方图

图 4.15　脉冲功率应用占空比

日历和循环衰减是高度相关的应力因子，彼此不正交。对于寿命预测，应尽可能将日历衰减与循环衰减分开。因此，在测试矩阵中加入每日循环数（N/t）作为一个因子是有用的。测试矩阵的一个极端是以 100% 的工作循环运行；也就是说，每次充电/放电循环之间很短或没有间歇。测试矩阵的其他部分应包括以部分工作循环运行的循环实验，其中在每个循环之间包括间歇，其中每天循环 N/t 接近应用工况中预期的速率。表 4.8 给出了寿命测试矩阵的示例。由于制造差异，应在几个测试条件下重复，以便实验还可以量化电池与电池间的老化过程差异。

表 4.8　示例单元寿命测试矩阵，其中数字表示单元重复的数量

存储老化测试矩阵			
	温　度		
SOC	30℃	45℃	55℃
100%	3	3	1
50%		3	1
20%			1

存储 + 循环老化测试矩阵						
			温　度			
			0℃	25℃	45℃	45℃
C-倍率	ΔDOD	最大 SOC	100% 的工作周期			占空比为 50%
中	低	95%	1	1	1	
	中	90%	1	2		
		100%	1	2	1	
高	中	90%	1	2	1	
		100%		21		1
	高	95%		1	1	1

4.3.3　RPT

RPT 用于衡量整个寿命周期中的性能变化。它们通常每月进行一次；然而，在衰减速率高度加速的情况下，例如在高温/高 SOC/高 C-倍率/高 DOD 循环下，希望更频繁地进行 RPT。RPT 最常见的是低速（≤1C）容量测量和 HPPC 测试，用以获得电阻与 SOC 的关系。为了使内阻增长与测量的容量衰减区分开来，不仅在充电结束时，而且在放电结束时保持电压恒定。或者，可以以非常低的 C-倍率（C/20 到 C/50）测量恒定电流下的容量；这些测量对于观察开路电位随着老化的变化也是有用的。通常对于如表 4.8 所示的测试矩阵，RPT 测试将在 23~30℃ 的常见温度下进行，以便于比较不同条件下的老化结果。

理想地，RPT 尽可能少地影响在给定老化条件下的衰减速率。因此，部分

HPPC 测试可能仅使用几个 SOC 的脉冲而不是完整的 HPPC。相比在一个通用的参考温度下运行 RPT，RPT 可以在老化测试温度下进行以消除温度变化的影响。EIS 是一种微创技术，因此非常适合 RPT 测试。中高频扫描（ >0.01Hz）运行相对较快，并提供有关影响快速瞬态功率能力的界面过程的有用信息。获取影响可用能量的迁移限制过程的信息需要更多时间。

4.3.4　其他诊断测试

除 EIS 外，其他微创测试包括：

- 循环过程中电池包应变的电化学膨胀测量。大应变可能与相变（可能具有较差的可逆性）、塑性或电极和隔膜的黏弹性形变以及产生气体相关。
- 熵测量可以类似地反映相变。
- 随着 Li 损失，两个电极的电化学窗口将相对彼此移位，这种转变可以量化。
- 绘制每个循环的 dV/dQ 并观察电极相位变化特征峰值的变化。图 4.16 提供了一个示例。

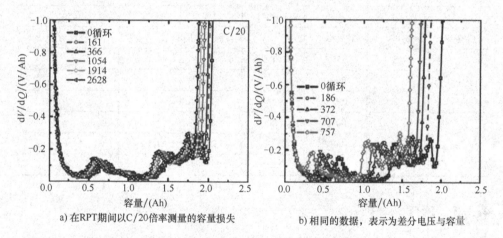

a) 在RPT期间以C/20倍率测量的容量损失　　　b) 相同的数据，表示为差分电压与容量

图 4.16　石墨/FeP 锂离子电池的测试结果（在 C/2 倍率和 60℃下以 90% DOD 循环老化）

图 4.16 更清楚地显示了 OCP 曲线的变化。对于这种老化条件，接近 0.0Ah 的第一峰对应于脱嵌的 FeP 电极。当放电从左向右进行时，剩余的峰值与石墨电极中的相变相关。这些峰中的每一个之间的距离保持恒定，表明石墨活性材料损失可忽略不计。相反，峰值向左移动，表明可循环的 Li 从系统中丢失，结果随着电池老化，石墨电化学窗口转变为逐渐降低的 SOC，限制了容量。[23]

- 使用单个粒子模型，捕获 OCV 行为和正负电极的化学计量比，将两个电极的放电开始和结束化学计量比拟合为低倍率充放电数据。

- 将参比电极植入共用电解质槽内的电池或电池附近，如图 4.17 所示。

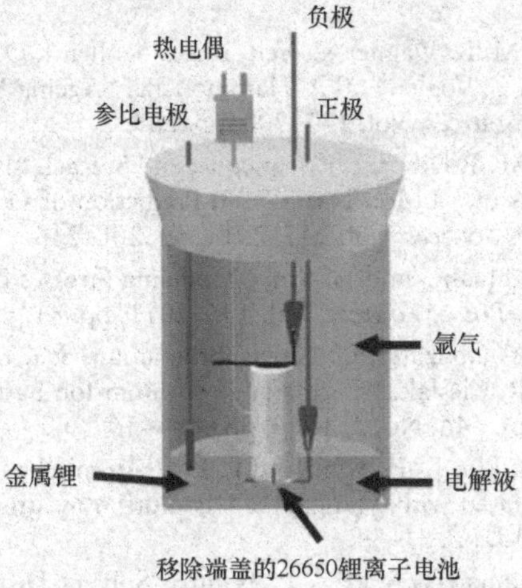

图 4.17 取下底盖的圆柱形电池并密封在带有备用电解液和
Li 金属参比电极的特殊夹具中[23]

将电芯分解可以进一步诊断失效机制，使用显微镜，表面或体积测量技术来观察化学和形态变化。Cannarella[24] 给出了拆解和分析的一个很好的例子。半电池，对称电池或三电极电池可以由从提取的电极冲压的样品构成。注意从半电池数据推断衰减率，其中一个电极是工作电极，另一个既是参考电极又是工作电极。使用锂的半电池基本上具有无限的锂储量，因此它们可以以低倍率效率运行数百个循环仍然表现出良好的性能，尽管它们的锂消耗率（例如硅）不稳定。

参 考 文 献

[1] Christophersen, J. P., E. Thomas, I. Bloom, and V. Battaglia, "Life Validation Testing Protocol Development," DOE Vehicle Technologies Annual Merit Review, February 26, 2008, http://energy.gov/sites/prod/files/2014/03/f12/merit08_christophersen_1.pdf.

[2] Hall, J., T. Lin, G. Brown, P. Biensan, and F. Bonhomme. "Decay Processes and Life Predictions for Lithium Ion Satellite Cells," 4th Int. Energy Conversion Engineering Conf., San Diego, CA, June 2006.

[3] Gur, I. "Advanced Management and Protection of Energy Storage Devices," ARPA-E Program Meeting, January 9, 2013.

[4] Srinivasan, V. "Batteries 101" of How Can I Make a Li-Ion Battery Work Better? ARPA-E Program Meeting, January 8, 2013.

[5] Perkins, R. D., A. V. Randall, X. Zhang, and G. L. Plett. "Controls Oriented Reduced Order Modeling Of Lithium Deposition on Overcharge." *J. Power Sources*, Vol. 209, No. 1, 2012, pp. 318–325.

[6]   Safari, M., and C. Delacourt. "Simulation-Based Analysis of Aging Phenomena in a Commercial Graphite/LiFePO4 Cell," *J. Echem. Soc.*, Vol. 158, No. 12, 2011, pp. A1436–A1447.

[7]   Vetter, J., P. Novák, M. R. Wagner, C. Veit, K. -C. Möller, J. O. Besenhard, M. Winter, M. Wohlfahrt-Mehrens, C. Vogler, and A. Hammouche. "Ageing Mechanisms in Lithium-Ion Batteries." *J. Power Sources,* Vol. 147, 2005, p. 269.

[8]   Legrand, N., B. Knosp, P. Desprez, F. Lapicque, and S. Raël. "Physical Characterization of the Charging Process of a Li-Ion Battery and Prediction of Li Plating by Electrochemical Modelling," *J. Power Sources,* Vol. 245, 2014, pp. 208–216.

[9]   Shi, D., X. Xiao, X. Huang, and H. Kia, "Modeling Stresses in the Separator of a Pouch Lithium-Ion Cell." *J. Power Sources,* Vol. 196, 2011, pp. 8129–8139.

[10] Braithwaite, J. W., A. Gonzales, G. Nagasubramanian, S. I. Lucero, D. E. Peebles, J. A. Ohlhausen, and W. R. Cieslak. "Corrosion of Lithium-Ion Battery Current Collectors," *J. Electrochem. Soc.* Vol. 146, No. 2, 1999, pp.448–456.

[11] Xiao, X., D. Ahn, Z. Liu, J. -H. Kim, and L. Lu. "Atomic Layer Coating to Mitigate Capacity Fading Associated with Manganese Dissolution in lithium Ion Batteries," *Echem. Comm.,* Vol. 32, 2013, pp. 31–34.

[12] Phloehn, H. J., P. Ramadass, and R. E. White. "Solvent Diffusion Model for Aging of Lithium-Ion Battery Cells," *J. Electrochem. Soc.,* Vol. 151, No. 3, 2004, pp. A456–A462.

[13] Colclasure, A. M., and R. J. Kee. "Thermodynamically Consistent Modeling of Elementary Electrochemistry in Lithium-Ion Batteries." *Electrochim. Acta,* Vol. 55, 2010, pp. 8960–8973.

[14] Colclasure, A. M., K. A. Smith, and R. J. Kee. "Modeling Detailed Chemistry and Transport for solid-Electrolyte-Interface (SEI) Films in Li-Ion Batteries." *Electrochim. Acta,* Vol. 58, 2011, pp. 33–43.

[15] Peterson, S. B., J. Apt, and J. F. Whitacre. "Lithium-Ion Battery Cell Degradation Resulting from Realistic Vehicle and Vehicle-to-Grid Utilization." *J. Power Sources,* Vol. 195, 2010, pp. 2385–2392.

[16] Wang, J., P. Liu, J. Hicks-Garner, E. Sherman, S. Soukiazian, M. Verbrugge, H. Tataria, J. Musser, and P. Finamore. "Cycle-Life Model for Graphite-LiFePO$_4$ Cells." *J. Power Sources,* Vol. 196, 2011, pp. 3942–3948.

[17] Renganathan, S., G. Sikha, S. Santhanagopalan, and R. E. White. "Theoretical Analysis of Stresses in a Lithium Ion Cell." *J. Echem. Soc.,* Vol. 157, No. 2, 2010, pp. A155–163.

[18] Sahraei, E., R. Hill, and T. Wierzbicki. "Calibration and Finite Element Simulation of Pouch Lithium-Ion Batteries for Mechanical Integrity." *J. Power Sources,* Vol. 201, 2012, pp. 307–321.

[19] Sahraei, E., J. Campbell, and T. Wierzbicki. "Modeling and Short Circuit Detection of 18650 Li-Ion Cells Under Mechanical Abuse Conditions." *J. Power Sources,* Vol. 220, 2012, pp. 360–372.

[20] Barai, P., and P. P. Mukherjee. "Stochastic Analysis of Diffusion Induced Damage in Lithium-Ion Battery Electrodes." *J. Electrochem. Soc.,* Vol. 160, No. 6, 2013, pp. A955–A967.

[21] Safari, M., and C. Delacourt. "Simulation-Based Analysis of Aging Phenomena in a commercial Graphite/LiFePO4 Cell." *J. Electrochem. Soc.,* Vol. 158, No. 12, 2011, pp. A1436–A1447.

[22] Smith, K., M. Earleywine, E. Wood, and A. Pesaran. "Battery Wear from disparate Duty-Cycles: Opportunities for Electric-Drive Vehicle Battery Health Management." American Control Conference, Montreal, Canada, June 27–29, 2012.

[23] Liu, P., J. Wang, J. Hicks-Garner, E. Sherman, S. Soukiazian, M. Verbrugge, H. Tataria, J. Musser, and P. Finamore. "Aging Mechanisms of LiFePO$_4$ Batteries Deduced by Electrochemical and Structural Analyses." *J. Electrochem. Soc.*, Vol. 157, No. 4, 2010, pp. A499–A507.

[24] Cannarella, J., and C. B. Arnold. "Stress Evolution and Capacity Fade in Constrained Lithium-Ion Pouch Cells." *J. Power Sources,* Vol. 245, 2014, pp. 745–751.

第 5 章

电池安全性

在锂离子电池领域，安全性在过去几十年中受到了很多关注，并且随着不同应用场景中使用的电池容量不断增加，其安全性也受到了越多关注。扩大电池容量、增强一致性和适应新的应用模式的关键技术障碍之一是电池的安全性能。与笔记本电池模块相比，储存在车辆电池组中的能量超过三个数量级。但同时，管理这种安装在受限空间中、运行在各种工况条件下、使用时间超过 10 年或更长的高能量电池，面临着与单独处理小模块或小电池时非常不同的挑战。本章详细阐述了导致锂离子电池经常发生安全问题的化学、电化学和热事件，大容量电池与含大量电池的模组的安全性问题之间的本质性差异，以及行业内常用的评估锂离子电池安全性的测试方法。为了与本书的写法保持一致，5.1 节讨论了背景；然后是对不同滥用情况的数学描述；最后通过一个实验性小节，概述了该行业中针对上述挑战的最佳实例所遵循的测试方法。

5.1 安全影响因素

如前面章节所述，锂离子电池由几种具有不同材料特性的元件组成，例如阴极材料具有类似于陶瓷的热性质，而黏合剂由聚合物制成。阴极颗粒在很宽的温度范围内的机械刚度和黏合剂材料柔韧性的组合对于电池的有效性能和组装是至关重要的，但是这些因素反过来又对电池的应用过程产生限制。在机械性能随温度变化的实例中，黏合剂材料在超低的温度下变脆，导致长时间暴露于低温的阴极颗粒从电极上脱离。另一个例子是电流收集器（铜箔或铝箔）和隔膜（通常是聚乙烯或聚丙烯）的不同热膨胀系数，导致在受损电池的不同层上产生不均匀的应力。因此，电池的工作温度应限制在可接受的部件磨损温度以上。电池低于特定温度存储或使用通常会导致性能问题，并且在极端条件下，一个或多个部件的故障将触发一系列事件，这些事件以不可控的方式消耗存储在电池中的大量能量。不同成分电池的电化学、化学、热和机械稳定性同样存在着类似的限制。电池安全问题因这些约束随电池的容量和使用年限的变化而变得更加复杂，多个电池的模块和模组尤为突出，每个电池具有不同的初始参数和老化模式。影响大型锂离子电池安全性的因素可分为：

5.1.1　电故障

　　几种常用的电池材料在安全电压上都具有严格的阈值，一旦越限将导致不期望的化学结构变化。例如，第 2 章中描述的绝大多数阴极材料和电解质中使用的溶剂在暴露于高于 4.5V 的电压时会崩解，释放大量的热量以及分子氧，通常导致电池外壳排出大量烟雾和/或火。通常，电池周围的电路会设计成在触发设定的电压限制后，防止向电池供应能量，从而防止随意的过充电；然而，保护电子设备的偶然故障通常归因于这种故障模式。另一种常见的电气故障是电池短路或偶尔的电池组短路，这些事件归因于屏蔽不当、电压隔离选择不当或电池组未能正确接地。这种电气故障模式通常使用冗余电路来解决，在某些情况下超过三层冗余电路。传统的电池组依赖于正温度系数（PTC）器件或电流中断设备（CID）来防止短路。然而，在大型电池组中，由于隔离故障电池产生的热量传播，局部故障带来额外的挑战。通过车辆接地保护对电池组进行绝缘、为电池模组中的电池模块（某些情况下甚至单体电池）提供独立的控制单元、设置电池模组的最大绝缘电压（通常为 50V）、以及为电池组内不同模块进行隔热，通常是设计策略的一部分。

5.1.2　热故障

　　过高的温度会导致电解质中有机溶剂蒸发，进而导致封装电池的外壳材料膨胀。如果电池暴露在高于 80℃ 的温度下，组件的热稳定性开始恶化，引发其他反应。固体/电解质界面（见第 4 章）在 85 ~ 105℃ 时崩解：电解质不再受到阳极/电解质界面处的过度还原电动势的保护，并形成阻挡阳极孔的高电阻层。这些额外的电阻层只会导致电池温度的进一步升高，在 128℃ 时，隔膜的聚合物成分开始熔化并失去其物理完整性——电解质在两个电极之间携带离子的孔开始坍塌，并且由于两电极之间的离子传输有限，电池内阻进一步增加。反过来，当隔膜中的聚合物达到其熔点时，两个电极之间没有有效的机械隔离，导致电短路。随后电池温度的升高引发电解质的热分解，进而引发电极本身成分的热分解。这些反应非常迅速并且在恶性循环中相互驱动，一旦电池达到临界点就会导致产生大量的能量（每 Ah 电池容量几百焦耳数量级），这一过程通常被称为热失控反应。尽管较低容量的电池（如 18650 电池）传统上采用安全措施，例如关闭隔膜来延迟或防止热失控，但大型电池中的局部故障通常导致这种机制参与保护动作的响应时间不足。大型电池制造商越来越依赖单体电池控制器，以便更快地隔离故障单元。然而，如前所述，由于在有限体积中大量能量的集中，大型电池组中的安全性问题仍然是一种挑战，目前往往通过诸如坚固的外壳或吸热包装材料等预防措施来加以克服。

5.1.3 电化学故障

极端电压和温度的组合经常影响电池材料的电化学稳定性。在热失控反应期间，阴极材料的崩解主要归因于过渡金属氧化物晶格不能以非常低的锂浓度有效地结合氧原子。结果，当电池过充电时，氧气从这种材料中析出，然后快速地分离，并在非常短的时间内释放出大量的热量。为了解决过充电问题，目前在不同应用中使用的大型电池组将运行区间限制在可用能量的约 65%。如果锂浓度在大型电池组内的选定位置下降，则在安全区间运行具有更好的抗滥用性。锂离子电池的另一个主要限制是无法在低温下安全运行：在低于 -10℃ 的温度下电池组件的传输性能通常比在 25℃ 的温度慢两个或更多个数量级，对在低温下长时间储存的电池高倍率放电或快速充电将导致电池将能量作为废热释放。

另一个源于低温下高内阻导致的问题是局部电极电位的变化。如第 4 章所述，如果电池电阻较高，则在充电过程中阳极电压会进一步降低。在 0V 左右，阳极的锂含量以金属形式稳定。因此，在低温下，由于内阻较高，阳极倾向于以枝晶形式镀锂。这种效应在较高的充电速率下更明显（因为阳极电位下降得更快）。因此，镀锂是严重的安全问题，它可能导致隔膜的穿孔和电极之间的短路。在有利于电镀的局部电位和充电结束时阳极处聚集着大量可用的锂的双重因素作用下，完全充电的电池特别容易受到电镀问题的影响。为了在没有发生电镀的情况下容纳任何过量的锂，在设计阶段，往往将阳极设计得稍大。然而，在大型电池中，可能导致电镀的第二种失效机理是电池内局部电阻的不均匀分布和增长（通常由选用有缺陷的材料或设计缺陷引起），这将导致电池的某些部分被过度充电而其他部分未被充分利用。第三种可能性是用于构建大型电池组的多个电池的内阻和/或电池容量的广泛分布。为了缓解这种故障，为锂离子电池设置了保守的运行区间（温度和电压），电池可在低温下运行的放电倍率 C 也受到限制。与用于消费电子和单电池应用的电池相比，大型电池的制造商通常要求对电池组件的均匀性和不同批次中的初始电池特性的分布具有更严格的容差。随着大型电池应用的出现，对运行条件具有较高容忍度的化学物质，包括能在更宽的电压范围中保持稳定的电极材料和能够减轻过度充电或易燃性影响的电解质添加剂，成为了电池研究和开发的焦点和努力方向。

5.1.4 机械故障

大型锂离子电池中的机械故障包括由于电极在循环期间反复膨胀和收缩而导致的过度张力引发集电器破裂，由于活性材料涂覆到集电器期间浆料成分选择不当造成的电极活性材料从集电器剥离，在极端温度下黏合剂失效导致从电极上移出颗粒导致电气短路，隔膜材料的机械顺应性包括横向和卷绕方向上的弹性性能之间的不匹配，大孔径和/或较低的弯曲度导致的较高短路概率，在极端温度下聚合物的膨胀或收缩，以及在切割或压延操作期间出现在电极上的机械缺陷（如涂层的边缘效应、集电器上的尖锐毛刺）。在小型电池中使用的许多设计因素，不容易直接转化到大型电池当中，例如在大型电池中电极的长度增加了几倍，并且柱形电池的内部卷绕经常遇到远高于集电器的极限应力的机械应力，导致电极分裂。在先进的电池设计中，通过在同一电池容器内引入多个卷心或通过采用堆叠电池的设计，可以克服这些问题。

5.1.5　化学故障

由氟化物基电解质的分解产生的氢氟酸与源自污染的水分相互作用会导致电池壳体和电池部件的腐蚀。在大容量电池中，由于较大尺寸外壳上的密封/焊接强度不均匀性，防止电池内干涸的过量电解质的可用性、以及在大容量电池设计中产生较大体积气体副产物，导致电池外壳失效的较高压力阈值，使该问题更加突出。

5.2　安全性模型探究

利用本书前几章提供的数学框架，现在讨论一些研究案例，以阐明与大容量电池有关的电池安全问题，这将有助于读者了解不同应用中电池和电池设计的细微差别。滥用反应产生的热量在电化学本质上使用式（3.3）计算，但需特别注意动力学和传输特性随温度的变化。每种化学元素都有各自的物质平衡以捕捉化学反应速率。可以按照本章 5.3 节所述测量不同化学反应的反应热。

5.2.1　局部故障的挑战

传统的电池设计利用在热故障期间由于聚合物材料的熔化而在隔膜中形成的封闭孔（尺寸约 200nm）来防止离子在短路期间从一个电极快速转移到另一个电极。这种保护性特征，通常称为隔膜热关闭，依靠隔膜在电池横截面上的均匀熔化，以防止短路通量进一步加热电池。

然而，如图 5.1 所示，短路期间的发热情况对于大容量电池而言与传统电池非常不同。其发热具有局部化特点（即发生短路的区域可能远离电池的其他部分）。结果，即使有较大的电流密度流过短路回路导致较高的局部温度，电池的某些部分也因距离太远而使得短路温度未达到隔板材料熔点，从而使得关闭机制无效。此外，由于极耳附近有低电阻通路，电荷穿过电压势垒时，正极和负极端子附近会出现二次加热模式。另一种提高安全性的设计应考虑大型电池内的热量优化分配和额外的保护功能，例如根据电压隔离电池的机制。

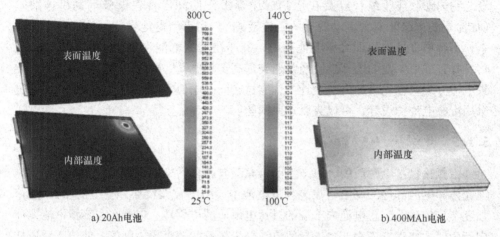

a) 20Ah电池　　　　　　　　　　　　　　　b) 400MAh电池

图5.1　短路8秒后的温度变化比较

两种电池具有相同的化学成分和设计；然而，即使大容量电池短路位置的最高温度较高，它的短路电流也不能足够快地触发表面温度上升，从而无法及时触发温度探测及时保护其他电池免受波及。对于容量较小的电池，短路点最高温度远低于容量较大电池的温度；然而，平均电池温度会超过隔膜的熔点，从而实现关闭功能。

5.2.2　多单元电池模块中保护装置的有效性

下一个示例考虑了当电池连接在一起形成高容量电池模块时，18650电池中使用的PTC器件的有效性。PTC器件的电阻随其温度而增加，当电池由于安全问题而变热时，PTC可防止来自相邻并联电池的电流在短路时产生热量。图5.2显示了模块中不同单元的最高温度分布。该模块由80个18650型圆柱形电池组成，每个电池的容量为2.2Ah，采用16P-5S配置。如图5.2a所示，与故障电池相邻的电池与模块周边的电池之间的温差高达100℃，各个电池温度的差异表明从一个电池到其他电池的热量传播滞后。根据电池之间的间距，由一个电池热失控而产生的热量可以在几秒内传播到相邻电池，或者可以在电池附近几毫米内被阻断。

图5.2b显示了每个电池内PTC器件的电流随时间的变化，晶格距离为100μm，假定的短路电阻为20mΩ。如所观察到的，模块内的一些电池PTC器件上的电流，即使在几分钟后也不会下降，这表明电池模块的安全特性存在固有的

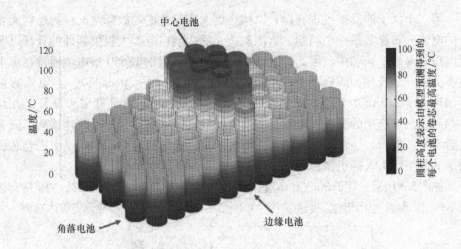

a) 由18650电池组成的16P-5S电池模块的最高温度分布

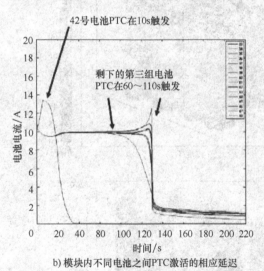

b) 模块内不同电池之间PTC激活的相应延迟

图 5.2　模块中不同单元的最高温度和 PTC 激活延迟

限制。在这种情况下，模块上的不均匀温升限制了 PTC 器件的功能，电池的安全设计无法转化为安全的电池组。在这种情况下，需要额外监视电池组电压或电池温度以隔离故障电池/模块。

这些仿真结果表明，即使使用具备安全机制的传统电池设计，高容量电池组也会触发传统模块中未遇到的故障模式。

109

5.2.3 机械考量因素

第三个例子涉及扩展现有设计以构建更大容量电池的故障情况。跨越较大卷芯的电流分布通常是一个问题，电池制造商通常会在电极上提供额外的极耳以实现电极材料的平衡利用。因此具有 2.4Ah 或更小容量的 18650 型电池通常在每个电极上有一个极耳，该极耳上的电流流过整个电极（约 70cm 长）。当电池容量增加到大于 2.6Ah 时，引入第二个极耳。较大容量的电池具有多个极耳，并且一些用于汽车应用的圆柱形电池具有连续的极耳，该极耳在使卷芯连接到汇流条之后卷曲。然而，经常被忽视的严重影响产量以及电池寿命的因素是引入卷芯后增加的卷绕所引入的机械应力。

如图 5.3 所示，对于 3C 工作电流，圆柱形电池内的温升可升高 50℃，如果冷却机制不均匀，则电池内产生的机械应力将大不相同，恶劣情况下经常导致集流体破裂。

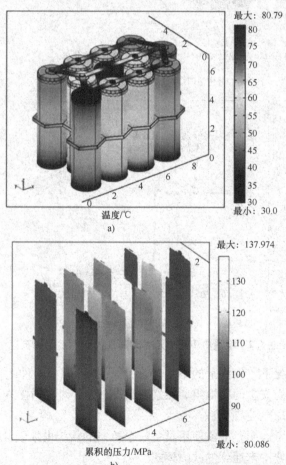

图 5.3　由于模块内电池温度的不均匀分布，在由圆柱形电池组成的模块中产生应力

在该示例中，冷却板位于模块的底部，并且从位于模块内部的电池到周围环境的热传递是不充分的，这导致了卷芯内部件的不良机械性能。在确定卷芯的卷绕张力时，制造过程应考虑这种差异。

5.2.4　压力累积

业内最常争论的问题之一是在热失控的情况下、在电池排气之前，电池包装应能够承受的压力大小。虽然热量产生机制和不同故障阶段的温度演变目前已能够相对较好地表征，但是，在电池模组内关于电池产生的压力大小以及如何提出合理的方法来设计安全通风口进而控制故障的研究相对较少。图 5.4 显示了具有给定化学参数和热失控反应动力学的 24Ah 电池的单位电池厚度值所对应的压力计算值。虽然不同化学物质的实际数量和所发生的反应随设计和制造商而变化，但趋势值得研究：产生气态物质的化学反应对电池内产生压力的影响最小。这些反应在失控过程中较早地触发，但产生的气态物质的量不足以触发电池包排气。包装材料的弹性反过来会保持由于抑制作用下的机械变形产生的压力，直到电池温度达到足够高以引起挥发性组分的蒸发。此时，电池内的压力突然上升并越过密封件的承受强度，从而发生排气。这种系统性分析方法常用作确定包装材料的模量和保持材料预期弹性的温度范围的手段。

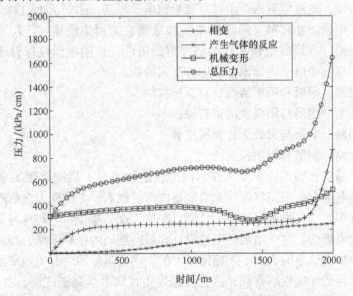

图 5.4　当发生热失控反应时，不同因素导致电池内压力的累积
(电解质中的挥发性组分经历相变，若干化学反应产生气态产物，
以及容器经历机械变形以适应压力的升高。软包材料的选择
和焊接/密封强度的确定应考虑这些因素)

金属外壳中的焊接强度以及包装材料中的密封强度通常由电池制造商基于 18650 或小于 1Ah 棱柱电池的使用经验确定。然而，如前所述，大容量电池中有源和无源元件的比例明显高于传统单电池应用。例如，24Ah 软包电池中使用的电解质的量是 2.6Ah 18650 型电池中使用的电解质量约 10 倍，并且较大容量电池的体积不随电解质含量线性地变化以适应压力增加。采用如上所述的更系统的方法可以改善电池滥用反应所引起的一致性问题。

5.2.5 设计短路保护电路

电池组中的电池短路是本领域中常见的不同安全问题中的主要问题。短路可能是由外因触发引起的（例如，洪水导致已经机械损坏的电池组中电池引线的电气接触），也可能是由于制造过程中产生的内部缺陷引起的（例如由于卷芯内存在一些金属杂质）。无论起因如何，锂离子电池中的短路都会导致现场事故，包括由电池组部件的快速温升、以及不受控制的排气等导致的单个电池或模块的故障。然而，这种故障的发生率较为少见，以至于难以进行可重复的实验室测试以捕获电池对短路的响应。第 5.3.3 节概述了开发中用于表征电池短路响应的不同测试程序；但是这个例子着重于电池中发生的不同类型短路的电气性质及其对提高电池安全性的意义。

总的来说，电池中有四个组件可能导致电子短路：阴极活性材料，涂覆它的铝集流体；阳极活性材料（通常是碳）和涂覆它的铜集流体。任何短路都会导致阳极室的组件（即碳或铜箔）与阴极室的组件（即阴极活性材料或铝箔）接触。因此，在一个电池内理论上有四种短路排列：

Ⅰ 型短路，阴极和阳极活性材料直接接触；

Ⅱ 型短路，铝箔与阳极上的碳接触；

Ⅲ 型短路，铜箔与阴极活性材料接触；

Ⅳ 型短路，铜箔和铝箔相互接触。

外部短路将被归类为 Ⅳ 型短路，因为在这种情况下集流体接头彼此电气接触。所有这些类型的短路都可能源自电池内部。然而，考虑到大多数现有电池结构设计，Ⅱ 型短路是最不可能的，之所以提出仅仅是基于每个部件与另一个区域接触的理论可能性。对于给定的电池设计和短路期间的接触区域，当针对每种类型的短路模拟发热率时，由于短路路径上的正确电阻范围，Ⅱ 型短路累积最大热量。Ⅳ 型短路的导电性非常强，因为接触发生在两个金属箔之间；由于低电阻，这种短路的热量产生较低，而涉及阴极活性材料的短路的电阻较大，以至于穿过 Ⅰ 型和 Ⅲ 型短路的电流与其他短路相比较低，因此这些情景的发热率通常最低。

图 5.5 中显示了 400mAh 电池中不同类型短路期间的温度变化。提高电池安全性有几个需要考虑的要点：首先，这些分析结果并不能直接适用于大容量电

池，大容量电池设计的能量增加了几倍，可能导致最终电池进入热失控状态。但是，考虑冷却系统应能够满足的响应时间和热负荷，可以使用第 3 章中所述的方法来计算不同的电池尺寸和形状因数。其次，高功率电池的设计应考虑使用较低阻抗的阴极，然而低阻抗阴极会导致较低的热量产生，在正常运行期间产生的热量会与由于短路期间的良好导电性而可能产生过多热量之间进行权衡。然后，电池制造商应考虑设计具有最小电子电导率值的阴极浆料，以满足性能要求。最后也是最重要的考量是安全功能的设计，以便在发生短路时保护电池。有几种可能的解决方案：例如，由于集流体之间的短路对于示例中讨论的电池而言，认为是安全的，因此一种合理的设计是在卷芯的外侧提供额外的铜集流体绕组，这样，在机械挤压过程中任何意外的短路都只会导致 Ⅲ 型或 Ⅳ 型短路，而不是 Ⅰ 型短路，或者可以将热激活熔丝作为电池设计的一部分，以确保所需的卷芯层之间的接触，从而最小化电池外部的损坏。

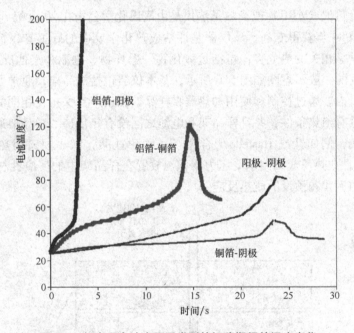

图 5.5　锂离子电池中不同类型的短路期间的温度变化

5.3　安全性评估

评估锂离子电池的安全性是该行业中一个备受争议的领域。尽管有几个委员会尝试过，但电池滥用测试的实验程序在不同的行业部门之间差异很大。本节详细介绍了电池行业在此背景下常用的工具和实际做法。随后将讨论建立一套一致的测试程序的过程。

与组件级别相关的测试程序主要由电池制造商开发和提出。包装设计师需要理解材料级别的限制，因此需要区分在包装设计阶段可以解决的问题与在电池层面需要解决的问题。如前一节所述，单个电池的安全性并不能保证使用这些电池构建的电池组的安全性。然而，正如5.2节实例中所讨论的，电池的每个部分除了扮演自己独立的角色外还与电池的其他部分协同运行。在构建安全的电池组时，了解组件级别的安全性是不可避免的。在组件层面上与安全性相关的属性主要是使用加速量热仪对活性成分进行量测来确定的，该量热仪能够提供有关滥用反应发生的速率和相关的反应热的信息。诸如隔膜等无源部件的机械和热稳定性就是这样评估的。

5.3.1 反应热的测量：加速量热仪

加速量热仪（ARC）或绝热量热仪是由陶氏化学公司在20世纪70年代设计的，并于1984年获得专利。该仪器是评估放热化学反应的好工具，旨在了解与反应性化学品相关的热危害，包括过氧化物、爆炸物、电池和其他反应性物质。加速量热仪的一般示意图如图5.6所示，基本仪器包括样品架，通常呈球形，放置在反应室内。通过控制和使用加热器将样品架和反应室保持在相同的温度。加热器确保具有绝热条件，并且样品架和电池之间没有热传递。样品架通常由高强度材料制成，例如钛或 Hastelloy® 合金（一种耐盐酸，即耐蚀又耐热的镍基合金），以便在放热反应期间承受压力累积。放置在样品架中的反应性材料的量取决于支架的尺寸和预设的放热反应。

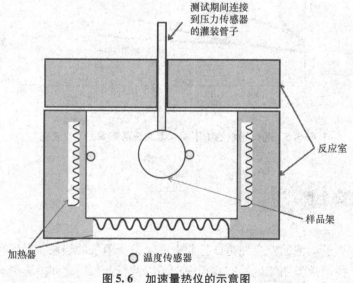

图 5.6　加速量热仪的示意图

将样品材料放入支架后，将容器密封在反应室中，仪器会经历加热—等待—寻找这样一个循环，如图 5.7 所示。最初，将样品和腔室加热到用户可选择的温度，然后将温度保持一段时间（等待）以检测（寻找）放热反应。如果没有检测到反应，那么比例-积分-微分（PID）加热控制器将增加腔室和样品架的温度。加热—等待—寻找过程将不断重复，直到检测到放热反应。一旦发生放热反应，将反应室的温度控制在样品架的温度；温度的升高有时可能超过几百℃/分钟。如果在化学反应期间保持绝热条件，则系统能够提供热数据的准确测量以及起始温度、最大加热速率和反应熵。通常测试将持续几天，以确保准确地表征起始温度，并且在加热—等待—寻找循环之间温度反升高一小部分。

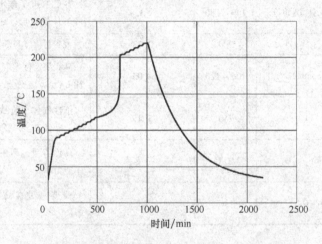

图 5.7　加速量热仪中使用的加热—等待—寻找温度曲线

加速量热仪也存在相关制约。应该注意的是，没有加速量热仪是真正绝热的，从样品到其支架会损失热量。phi 因子，即样品和支架的热质量与单独的样品的热质量之比，用于校正这种热损失的量热结果。与这种类型的量热计相关的另一个限制是样品架通常仅在其外部放置一台高精度的电阻温度检测器（RTD）、热敏电阻或热电偶。假设样品架上的这个单一温度传感器代表整个样品器皿的温度，通常这个假设需要样品及其容器具有无限的热导率或无质量，这明显是不准确的假设。此外，在放热反应期间精确匹配反应室和样品架之间的温度是极其困难的，因为一些反应发生得太快。

1. 加速量热仪和测试电池

加速量热仪用于评估电解质、阴极、阳极和电池的热稳定性。众所周知，阴极材料对电池的热稳定性具有最强的影响。表 5.1 显示了当今市场上一些市售阴极的性能。由于电池的高能量密度，$LiCoO_2$ 电池是消费电子产品中最常用的化学品。然而，由于阴极的破坏及其随后在较高温度下的氧气释放，这些电池是热不稳定的[2]。图 5.8 显示了加速量热仪实验对掺入 18650 电池的几种不同阴极材料的热响应。$LiCoO_2$ 1.2Ah 电池具有最低的起始温度和最高的加热速率。相反，$LiFePO_4$ 电池具有最高的起始温度和最低的加热速率——在该量热实验期间，$LiFePO_4$ 阴极在其分解过程中不会释放出氧气，因此与 $LiCoO_2$ 相比，它具有相对良好的热响应。

表 5.1　阴极电极材料的样品特征

材　　料	比容量	中值 $V/C/20$ 下的锂	备　　注
$LiCoO_2$	155	3.9	仍然是最常见的。Co 很贵。
$LiNi_{1-x-y}Mn_xCo_yO_2$（NMC）	140~180	~3.8	容量取决于截止的高电压。比 $LiCoO_2$ 更安全，更便宜
$LiNi_{0.8}Co_{0.15}Al_{x0.05}O_2$（NCA）	200	3.73	大容量。与 $LiCoO_2$ 一样安全
$LiMn_2O_4$（Spinel）	100~120	4.05	高温稳定性差（但 R&D 改善）。比 $LiCoO_2$ 更安全，更便宜
$LiFePO_4$（LFP）	160	3.45	惰性气体中合成导致工艺成本高。非常安全。低容积能量
$Li[Li_{1/9}Ni_{1/3}Mn_{5/9}]O_2$	275	3.8	高比容量，研发规模大，低速率能力
$LiNi_{05}Mn_{1.5}O_2$	130	4.6	需要一种在高压下稳定的电解质

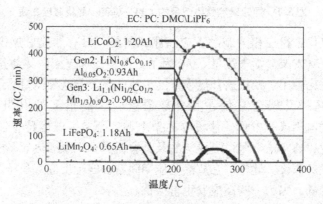

图 5.8　在不同的阴极材料上进行的 ARC 实验[3]

ARC 还可用于评估电池内组件材料的热响应。图 5.9 显示了电池内各个电池成分的热响应，实验通过从完全充电的 NMC 电池中移除电池组件材料来进行，将组件材料重新密封到一个 18650 电池外壳中并添加了电解液。从图 5.9 可以看出，每个电池组件具有不同的起始温度以及最大的加热速率。当这些组件组合成完整的电池时，热失控开始温度约为 220℃，这与电池内的各个组件不同，差异主要是由于加入到电池中的组件之间的相互作用以及比热容的差异。

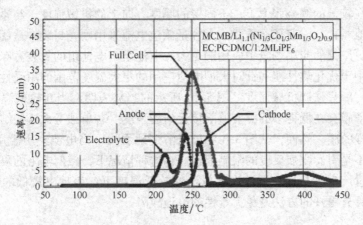

图 5.9　对 NMC 电池中的各个组件进行 ARC 实验[3]

在解决电池设计的安全问题时，绝热量热仪是非常有用的工具。它们可用于评估：

- 电解质添加剂如何影响电解质的可燃性温度；
- 在较高温度下，人工 SEI 层如何影响阴极分解过程中氧的释放；
- 各个电池组件如何影响电池系统的安全性。

最后，ARC 是评估所有电池组件和功能的抗滥用性的重要工具。

5.3.2　无源元件的热机械特性

锂离子电池的安全性同样取决于无源元件的响应和在滥用情况下发生反应的成分的响应。在大容量电池中，诸如隔板、软包材料和集电器之类的无源元件的机械特性甚至比传统电池制造过程中更为重要。

电池组件的热-机械性能是通过拉伸强度测试仪使用标准的美国测试和材料协会（ASTM）方法测试出来的：用于保持预定尺寸的样品的标准虎钳受到温度函数的拉伸应力。锂离子电池的聚合物薄膜的机械表征的详细测试程序在锂离子电池的其他标准参考文献中有所描述[4]，此小节仅用于突出展示大容量电池测试方法的差异：例如，用于 18650 型电池卷芯中的隔膜的宽度通常超过电极的宽度 3% ~4%；而对于大型电池而言，这种紧密的间隙往往不会出现。主要因为两个原因：对于受损电池，较大电池的温度分布变化很大；并且外壳内卷芯的公差远不及 18650 型电池的公差。随着在卷芯的任一端上卷曲的连续极耳的出现，隔膜宽度保持在恰好低于其不会干扰极耳卷曲的值以下。类似地，对于堆叠的大容量电池，当暴露于高温时，电池对于隔膜机械性能比紧密排列时具有更高的容忍度。这些因素允许设计具有较大孔径的隔膜，例如汽车电池可以通过这种方式具有更高的额定功率。

同样在较低的缠绕张力下，不同层的厚度方向上的机械强度，与紧密缠绕的低容量电池相比，没有那么重要。大容量软包电池采用硬壳封装，适用于单电池应用；在更广泛的应用场景中应用的更大的电池组，电池组的封装意味着膜的设计应该集中于优化热性能和针对大型电池应用的更大温度范围的耐受性上，而不是如传统一般只强调机械强度。图 5.10 所示的趋势表明，当在较低温度下进行测试时，薄膜会在低得多的应变值下接近耐受强度。若单独考虑这些结果，则表明需要更强的膜。然而，从图 5.4 中可以清楚地看出，当电池经历滥用反应时，机械变形不是引发剧烈反应的限制因素。在这种情况下，较低电阻的隔膜将导致较少的热量产生，并且在设计汽车电池的较低温度下，表现出较低的锂电镀倾向，因此具有更好的方法避免灾难性的电池故障。

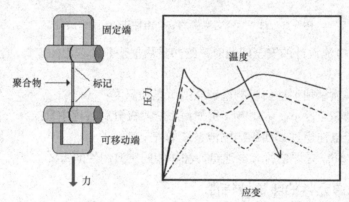

图 5.10　热机械分析仪的图示和聚合物膜的弹性行为随温度的变化

5.3.3　单体电池级测试

锂离子电池的滥用响应的实验室测试包括使电池经受极端的温度和机械应力以及电短路。用于评估电池的指标根据电池设计、目标应用和最终用户要求的变化而显著变化。本节概述了一些标准测试实践，并强调了消费电子应用中通常使用的小型电池测试与大容量模块/电池组中使用的大型电池测试之间的差异。在以下每个测试中，根据预先制定的标准判断通过或不通过测试。测试程序的标准示例见表 5.2。然而，这是一个不断发展的学科，随着对大型锂离子电池滥用测试的理解日趋成熟，一些参与者积极地参与这方面的讨论。

表5.2 大容量锂离子电池测试标准示例

测试	SAE J2464	FreedomCAR	IEC 62660	UL2580	Korea MVSS 18-3
热冲击	70 ～ -40℃之间 5 个循环；电池 1 小时；模块/模组 6 小时	80 ～ -40℃之间 5 个循环；电池 1 小时；模块/包 6 小时	65 ～ -20℃之间 5 个循环；不同 SOC 下重复测试	和 J2464 一样，但极端温度为（85±2）℃～（-40±2）℃	
机械冲击	每次 25 克冲击 18 次（XYZ 负向和正向×3 次）	RMS 加速度为 27.8m/s²	每次 500m/s²（50g）6ms 60次（XYZ 负向和正向×10 次）HEV 电池 80% SOC，EV 电池 100% SOC	根据 SAE J2464 使用半正弦波负载曲线进行测试，振幅为 25g	电池应在每个轴上以半正弦波，30g 幅度和 15 毫秒持续时间受到 10 次冲击
外部短路	一个硬短路（≤5mΩ）和一个中等短路，电阻与（25±5）℃时的电池相似	在 20℃ 下，在不到 1s 的时间内施加≤5mΩ 的硬短路；等待 10 分钟	在 20℃ 时≤5mΩ 10 分钟；电压和电流记录的采样率应≤10ms	总电路电阻＜20mΩ；在最大电流＞15%的短路保护电流的负载下重复测试	电阻=50mΩ 持续 1 小时或直到 5 分钟没有可检测到的电流；初始 SOC 为 80%
过充	以两种速率对电池充电：①1C-倍率；②最大可用电流充至200%SOC	32 A 至 200% SOC	充电直到电池电压达到 2 倍最大电压或 200% SOC	按照制造商的建议为电池组充电，一个模块预充电至 50% SOC，其他模块预充电至 0%	用 32A 恒定电流充电至标称电压的 1.5 倍；最终 SOC=150%
挤压	挤压至初始尺寸的 85%；等 5 分钟；继续 50%	挤压至初始尺寸的 85%；等 5 分钟；继续 50%	挤压至初始尺寸的 85%；或者直到力＞1000×电池重量；或直到电池电压下降1/3的初始值；对于棱柱形电池使用直径为 150mm 的球体，对于圆柱形电池使用直径为 150mm 的棒	使用带肋的测试压板挤压 SAE J2464 规定的所有 3 个轴；最大力=100kN；测试物品可以安装在保护框架中，模拟车辆中实际情况	

119

（续）

测试	SAE J2464	FreedomCAR	IEC 62660	UL2580	Korea MVSS 18-3
明火测试	在890℃下10分钟模拟燃料火灾（另见J2929，J2579）	在890℃下10分钟来模拟燃料火灾		使充满电的电池沿其底部长边均匀着火，直到至少一个热电偶显示 > 590℃持续20分钟	在80% SOC下，在890～900℃之间加热2分钟到电池底部
翻滚测试	在1分钟内完成旋转，然后以90°的增量旋转电池一整圈	以连续慢滚动方式完成1分钟的完整旋转，然后以90°的增量旋转电池一整圈		以100% SOC旋转样品，连续速率为90°/15s；测试应使样品在三个相互垂直的不同方向上旋转360°	与FreedomCAR相同；观察泄漏；以90°的增量旋转电池；在每个位置保持1小时

1. 短路测试

这些测试是在已知的一组条件（充电状态，传热速率和环境温度）下使电池经受内部或外部短路。大量的测试都属于这一类。日本工业安全标准 JIS C8714 对便携式锂离子电池和用于便携式电子设备的电池进行的外部短路测试，是通过将 100% SOC 电池的端子连接在（80±20）mΩ 电阻器上进行的，并监测电池温度 24 小时或直到它返回室温（设定为 55℃），而美国安全试验所（Underwriters Laboratories，UL）规定，（UL-2580，"电动车用电池"）在 20℃ 时的短路电阻为 20mΩ。

2. RMS：方均根

通常通过使用钉子或钝杆刺穿电池来进行钉刺试验来模拟导致短路的异物侵入。试验规范因测试目标和最终用户的要求而异，一种常见的方法是在 0.1mm/s 的恒定刺穿速度下使用尖端半径为 0.9mm 且尖端角度为 45° 的钉子，直到电池电压下降至少 100mV。但是，如第 5.2 节所述，热事件的传播在不同的电池设计中有很大差异，最近的测试方法建议是在特定位置引入确定电阻的短路。日本电池协会（JIS C8714）推荐的用于消费电子电池的测试程序需要在 100% SOC 下打开电池后在卷芯层之间放置导电颗粒，然而却发现不适用于大型电池。替代测试程序涉及通过电气、机械或热方法触发电池内部的短路，这些测试在不同短路类型、短路电阻、位置和触发时间等方面具有高的还原度和更好的控制能力。

3. 挤压试验

大容量应用中使用的电池和电池组的机械完整性通过施加相当于试件重量 1000 倍或最大 100kN、致使应变达 85% 原始尺寸的力来测试，并且将负载保持 15 分钟；然后继续测试，直到应变达到原始尺寸的 50%。测试对于不同样品在一个平板和另一个具有半圆形脊的平板之间沿着三个取向轴中重复进行。

4. 热箱试验

针对热箱试验，目前 SAE J2424 等标准要求进行开放式测试，从而确定电池"无限期"保持稳定的最高温度。而其他如国际能源委员会（IEC 62660-2）开发的产品则规定以 10℃/min 的升温速率，直至 130℃，然后在该温度下储存 30 分钟。类似的 IEEE 1725 标准规定了较慢的 5℃/min 的升温速率和 60 分钟的较长持续时间。与良好包装的车载电池相比（车载电池具有良好的机制，可以从单个电池表面带走热量），消费电子产品中使用的电池更容易受到高温暴露的影响。在这种情况下，小电池在单电池级别的测试条件更为严格。更为重要的是热冲击测试，其中电池或模块在 −40℃ ~ +80℃ 之间经受热循环，并在每个温度极值保持 1 小时。测试捕获在高功率循环期间模块内产生的热量，并检查电池内任何阻碍卷芯间快速热传递的缺陷，这通常是较大容量的电池的问题。

5. 冲击试验

虽然机械冲击试验（例如从预定高度的下降）被认为是衡量单个电池机械耐久性的好方法，但这些试验几乎没有提供关于成组大型电池的安全性信息。相反，由于振动或车辆经受碰撞测试引起的机械冲击更受到重视。因此，冲击时的加速度与单电池测试规定的加速度相比降低了：对于车载电池（SAE J2424，ISO/CD 12405），通常为 25 ~ 50g；对于 IEEE 1725 标准下的手机电池，通常为 125 ~ 175g。

6. 压力/湿度测试

锂离子电池中使用的电解质对水分非常敏感。任何外壳上焊缝或软包的密封故障都会使电解质暴露于水分并引发化学反应，导致电池内的膨胀和/或压力积聚。由于用于制造大容量电池的封装技术的成熟度相对较低，与 18650 电池的制造工艺相比，这些问题在较大的电池中更为普遍。对于模块和包装，通常建议在 25℃ 的盐水卜进行浸泡测试 2 小时，并在 0.1 标准大气压（1.01×10^5 Pa）的压力下储存 6 小时则用于检查电池层面的泄漏。为了缩短测试时间，还建议在更高温度（55℃）下测试或在非常低的温度（−17℃/0℉）下进行测试。然而，在制造过程中缺乏针对泄漏或焊接质量的明确指标的在线测试是该行业目前尚未解决的问题。

7. 过充电测试

尽管电池容纳超过 100% SOC 的电荷能力被广泛测试，然而在不同的充电倍率和不同的过充电持续时间下针对不同的测试体的试验表明，单体试验对于大型电池或模块及电池组的过充电测试效果有限。这是由于其保护电路会隔离过度充电的电池。在几个早期的电池组设计已经反复表明需要额外的安全措施之后，最近已经提出了用于电池组中的大容量电池的单电池保护电路。

8. 火灾危险

由于存在有机溶剂和高反应性化学物质，锂离子电池在暴露于火灾时已被广泛宣传为危险品。锂离子电池的可燃性表征在电池受火时产生的热量方面存在显著差异。单个电池的测试以及理论计算表明，单个电池产生的热量大约为150 ~ 250kJ/Ah。与锂离子电池相关的火灾中最常见的燃料来源是包装材料，在某些情况下，包装材料占包装重量的40%，并且超过电池本身的可燃性高达10倍。由于包装材料可以作为燃料，电池仓库和货物集装箱中报告的火灾的能量当量高达每 Ah 几兆焦耳。汽车工程师协会（SAE）标准（J2464 和 J2929）建议将电池暴露在890℃的明火下10分钟，以模拟燃料火灾。UL 则建议将电池暴露在590°下更长时间（20分钟）。

尽管这些测试中的许多测试最多只能在单个电池水平上对安全性进行可重复的定性评估，但还需要进一步的工作来提供更具衡量性的结果，如在多单元模块或模组中测量从一个受损电池到其他电池的故障传播倾向的能力。许多标准，如 SAE J2424，UL 2580 和 FreedomCar EESS 滥用测试手册（SAND2005-3123）讨论了这种传播过程，但是除了在模组的典型子单元内设置单个电池发生热失控并监视模组的其他部分外，并没对传播过程提出明确的要求。在不同应用的特定操作范围内，性能指标与安全性之间的权衡差异妨碍了开发多单元模块的定量标准。开发大型电池安全标准的另一个关键挑战是电池在市场上具有多种规格。随着技术的成熟，预计更高程度的标准化将有助于改进测试程序以及电池本身的安全性。

参 考 文 献

[1] Dahn, J., and G. M. Erlich, "Lithium Ion Batteries," in *Linden's Handbook of Batteries*, 4th Edition, T. B. Reddy (ed.), New York: McGraw Hill, 2011, p. 26, Table 26.3.

[2] Arai, H., M. Tsuda, K. Saito, M. Hayashi, and Y. Sakurai, "Thermal Reactions between Delithiated Lithium Nickelate and Electrolyte Solutions," *J. Electrochem. Soc.*, Vol. 149, p. A401, 2002.

[3] Doughty, D. Vehicle Battery Safety Roadmap Guidance, Subcontract Report, NREL/SR-5400-54404, 2012.

[4] Santhanagopalan, S., and Z. Zhang, "Separators for Lithium Ion Batteries," in *Lithium-Ion Batteries: Advanced Materials and Technologies*, Green Chemistry and Chemical Engineering, X. Yuan, H. Liu, and J. Zhang (eds.), Boca Raton, FL: CRC Press, 2011, pp. 197–253.

第 6 章

应　用

电池对应用场景的适用性可以归结为一个看似简单的标准：它能为应用提供足够功率吗？然而如前几章所述，锂离子电池的性能对温度非常敏感；其寿命以一定的速率消耗，该速率取决于电和热的循环特性；此外，电池在其预期使用寿命期间经受的电和热的循环可能不能准确地定义。因此，回答这个问题会变得非常复杂，第一步理解应用场景至关重要，将在此章节予以讨论。这些知识应用于锂离子电池系统的设计方法则将在第 7 章中讨论。

6.1　电池相关要求

了解应用场景意味着了解它对储能系统的要求，从一个场景到另一个场景，这些要求可能会有很大差异，但通常可以用一组类似的数据来表征。它们通常涵盖电、气热、机械和安全等主题领域。

6.1.1　电气要求

电池所需的能量和功率通常由一个或多个电气工作循环来定义。众所周知，获取这些工作循环信息的最好来源是功率或电流随时间变化的历史曲线，然而通常这种程度的详细数据不容易掌握。抛开高精度数据，工作循环还能够用其总持续时间、功率或电流的平均值和方均根以及与设定持续时间相匹配的最小和最大功率或电流来表征。表 6.1 显示了根据图 6.1 中所示应用于调峰场景的工作循环所计算出来的这些指标值。

表 6.1　将图 6.1 中的工作循环转换为平均和 RMS 功率持续时间

平均放电功率	3.9kW
RMS 放电功率	5.1kW
峰值放电功率	12.4kW 持续 1min
总放电时间	119min

（续）

平均充电功率	4.2kW
RMS 充电功率	5.3kW
峰值充电功率	10.0kW 持续 1min
总充电时间	111min

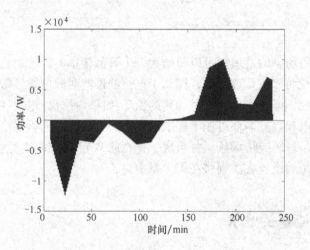

图 6.1　调峰工作循环仿真（负数表放电）

　　快速浏览图 6.1 和表 6.1 可以发现，在如此简单的表征中可能会丢失重要信息。例如图 6.1 显示峰值放电功率需求出现在放电早期，如果设计师只获得表 6.1 中的信息，他可能会认为峰值功率放电是在放电结束时发生的，这样的假设可能会导致设计出比实际需求容量更大的电池；此外峰值放电持续时间仅持续 1min，然而满足该峰值持续时间的电池可能不能满足整个工作循环。对该曲线更保守的表述是在某特定的 10min 内具有 12.4kW 的峰值放电功率要求。

　　放电工作循环定义简洁，而充电工作循环定义更加模糊，这并非特殊情形。例如可以从图 6.1 提取出放电曲线，并且可以简单地通过最大可用功率或电流以及相应的持续时间来确定充电曲线，这允许电池系统管理其自身的充电曲线以最大化性能和安全性（例如，当电池达到其最大电压时减流充电）。在其他情况下，电池可能需要吸收提供给它的所有能量，在这种情况下应该注意澄清该情况的边界条件，因为它会对系统的设计产生很大的影响。

　　此外，还必须定义使用的总次数和频率，使用次数和频率从长期来说会影响电池的损耗，在短期内也会影响电池的热响应。例如，当每天使用一次时可以容易地实现既定的充电放电循环，但是当每天使用 10 次时，产热量产生的增加和冷却时间的减少可能导致电池过温。

当指定多个工作循环时，它们发生的顺序也很重要。在短期内，它可以影响如前所述的热响应（例如连续的高功率放电和充电运行可能导致电池过温），从长远来看，它可能会影响老化模式和满足性能要求的能力（例如寿命周期内增加或减少 DOD）。

6.1.2　热要求

电池正常运行所必要的热环境也必须正确定义。理想情况下，热环境与电气工作循环的关系可以被表征，最常见的做法是通过将热限制划分为正常工作限制和安全限制来实现的。例如，电池可能需要在 -10℃ ~ +40℃ 的环境中完成其正常电气工作循环，但是可能需要在更极端的 -30℃ ~ +60℃ 环境下保障安全（但不能运行）。鉴于电池在低温下的功率降低，通常也会将较少的电气工作循环匹配到工作区间的最低温度。

需要特别注意的是环境温度的规定与电池温度的规定不同。规定环境温度后，还必须认识到电气操作通常会导致发热和电池温度升高，因此在高环境温度下，必须评估将达到的最高电池温度及其对电池寿命和安全的负面影响。而另一方面，在低环境温度下，可以利用电池的自热效应来提高性能。

6.1.3　机械要求

虽然目前缺乏公开可用的数据来建立机械环境因素（如振动和冲击）与电化学性能和长期老化之间的联系，但已知这些因素能够破坏电池内和电池之间的电通路。这些因素还会影响系统组件的平衡，例如断开继电器和充电均衡系统。此外，诸如挤压或撞击之类的极端机械滥用导致的机械变形可能在系统内发生危险的短路。因此，还必须规定电池系统的机械要求。

两种常见的机械要求是冲击和随机振动。前者对应于电池遇到短时加速事件，而后者涉及遇到更长时间非周期性振动的事件。冲击和随机振动要求通常由功率谱密度（PSD）图、方向以及在随机振动的情况下的持续时间来规定，通常根据测量或模拟时间历程的离散化得到的频率-加速度来创建 PSD。

振动要求还包括对正弦激励的容忍度，也就是通过施加正弦振动模式，观察其随着时间的推移在频率上缓慢增加或减少。虽然这种工况在电池应用当中并不常见，但正弦激励测试有利于识别电池系统的固有频率。这种测试还用于开发数学模型，该模型可捕获组件的机械故障，作为存储和损耗模量的函数。

可能还需要冲击和穿刺要求，特别是对于车辆应用。由于现场挤压情况的不可预测性，规定此类要求可能具有挑战性。因此，大多数规范都是围绕预期的测试方法设计的，这些要求可能与滥用应对规范相结合。

6.1.4　安全/滥用要求

对电池的滥用耐受性要求因应用场景而异。当人身安全是载人场景的一个要素时，这一要求变得最为重要。最常见的是，滥用耐受性要求需要电池系统能够承受一个或多个非标称条件，同时保持所有温度和气体排放低于阈值且不存在火灾或爆炸。可规定的非标称条件包括过温和欠温，过电压和欠电压，短路发生或机械变形。在出现一个或多个系统故障（例如熔丝故障）时，可能还需要满足这些准则，以鼓励额外的冗余设计。

6.2　汽车应用场景

电池在汽车中有很多应用。本节将简要讨论 SLI、启停和混合动力汽车（HEV）应用，由于它们不属于大容量应用场景，因此后文将不再讨论。插电式混合动力汽车（PHEV）和电池电动汽车（BEV）的应用将在本节讨论，并将在本书后文进一步讨论，因为我们认为这些电池应用属于大容量电池应用类别。

6.2.1　驾驶循环

驾驶循环（给定车辆的速度与时间的历史关系）是车辆仿真和分析的重要来源。世界各地的驾驶员都记录了真实的驾驶循环，以表征车辆通常要求的速度和加速度。对这些数据的研究表明，不同驾驶员之间存在显著差异。我们不会去分析每个真实场景中的驾驶循环，这显然是不可行的，所以通常使用标准化的驾驶循环。如文献［1］中所述，标准化驾驶循环的相对剧烈程度可能取决于车辆平台。为此，美国国家可再生能源实验室（NREL）开发了一种驾驶循环，其产生的燃料消耗量表征了传统车辆（CV）、HEV、PHEV 和 BEV 驾驶员剧烈程度的中位数。表 6.2 给出了该驾驶循环和其他常见驾驶循环的总结。

表 6.2　常见的标准化驾驶循环

名　　称	缩写	别名	说　　明
城市道路行驶工况	UDDS	LA4，FTP-72	旨在代表城市轻型车辆的驾驶。平均时速 19.6mile[①]，总里程 7.45mile。重型车辆也有不同的 UDD
加利福尼亚州统一工况	UC	LA92，UCDS	比 UDDS 更剧烈的工况
高速公路燃油经济性测试	HWFET	HFET	旨在代表轻型车辆的高速公路驾驶，平均速度为每小时 48mile，总里程 10.3mile

（续）

名 称	缩写	别名	说 明
US06	US06	—	高速、高加速轻型汽车驾驶。峰值速度达到 80.3mile/h
NREL DRIVE	NREL DRIVE	—	由数千个真实的驾驶循环合成；准确表示驾驶员在多种轻型动力总程中的激烈驾驶程度

① 1mile（英里）=1609.344m。

除了驾驶循环规范外，对 SLI，微混合动力和助力混合动力车用电池的要求也略有不同。在对 PHEV 和 BEV 电池进行详细讨论之前，以下部分将简要概述这些应用的要求。

6.2.2 SLI 电池

SLI 电池在内燃机车辆中很常见。它们主要用于启动发动机，该应用本身需要高功率比（通常约为 6kW，持续 6s）。通常设定该操作每天进行 10 次，持续约 5 年。在低温下的运行能力至关重要，而这通常会使电池设计尺寸增大。然而，该应用还要求电池能够缓冲车辆的车载发电机（交流发电机）的输出来支持运行中的电气负载，并为非关键辅助负载（750W，持续 10min 以上）和备用负载（15mA，持续 30 天）提供额外能量。当发动机运转时，电池由车辆的交流发电机充电。充电系统和车辆负载以 12V 额定电压运行。几十年来，铅酸电池由于其简单性和低成本而在这一应用中占据主导地位。通常，这些电池的容量约为 500Wh（12V，约 40Ah）。

6.2.3 启停（微）混合动力车

最近，市场上引入了启停混合动力车（也称为微混合动力车）。这些车辆每次停止时都会停用发动机，以减少空转时间，从而减少燃油消耗和排放。这在常规 SLI 应用之上又增加了两方面对电池的需求：首先要求电池启动发动机的次数增加一个数量级，对文献 [2] 中的实际驾驶循环的分析表明，对于第 95 百分位的驾驶员，可能每天有 73 个启动事件；其次当车辆停止时，电池必须为辅助负载供电。

虽然分析表明，这种操作总能量需求（约 56Wh）并没有明显大于 SLI 应用，但它确实对电池施加了明显不同的循环要求。从图 6.2 中可以看出，启停混合动力汽车需要一个电池来执行多次短暂的辅助负载供电，并在电池的工作区间进行发动机启动放电。已知传统的铅酸电池对这种部分荷电状态循环表现出较差的循环寿命，因此不适合这种应用。先进的铅酸电池和其他电化学电池（包括锂离子）是这种应用的理想选择。

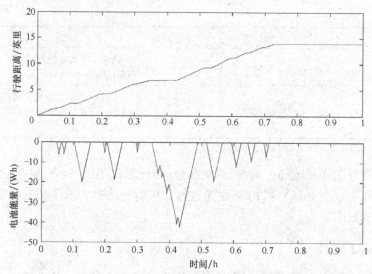

图 6.2 启动-停止电池工作循环和模拟的充电状态变化的示例

6.2.4 助力混合动力车

在助力 HEV 中，电池除了执行与启停混合动力车类似的功能，还通过直接连接到内燃机或通过变速器连接到从动车轮的电动机/发电机，提供推进动力。这使得内燃机能够减小尺寸，迫使其以最大功率输出更大百分比的功率更频繁地工作，从而提高热效率。电池在减速工况期间充电、捕获动能，并在以后提供加速，否则这些动能将作为车辆摩擦制动器中的热量而损失。与传统动力车辆相比，这些作用可以大大降低每英里排放和燃料消耗。

HEV 电池主要在电量维持（CS）模式下运行，其中电池 SOC 在动力回收和助力加速事件期间短暂地上下波动，但在较长时间尺度时大致恒定。请注意，HEV 不具备从外部电源为其电池充电的能力。

这种操作模式对电池的要求比启停或 SLI 汽车应用要严格得多。驾驶循环分析显示[3]只要有约 600Wh 的可用能量就足以在轻型车辆中产生显著的燃油经济性益处，但是相比之下所需的功率水平可能非常高（大于 30kW，转换为接近 50 的有效倍率）。再加上车辆运行期间几乎连续的电流，这可能导致大量的热量产生。由于这些高压电池（轻型车辆约 150～400V，中型和重型车辆约 800V）的较高费用和复杂性，它们的寿命需要覆盖车辆的整个使用寿命（15 年及以上）。

因此，HEV 应用需要高功率、长寿命的电化学电池。迄今为止，镍氢电池一直是 HEV 中最广泛部署的电化学电池。然而，近年来锂离子电池在 HEV 中变得越来越普遍，这主要因为锂离子电池具有更高的比能量、能量密度和电池电压，而且其价格也不断下降。高能量电容器衍生储能装置（超超级、超级和非对称电容器）也正在探索用于低能量 HEV，因为它们在较大的 DOD 下具有高功率和长循环寿命。

6.2.5 插电式混合动力车

PHEV 包括与 HEV 类似的传动系部件，但电动机/发电机和电池的尺寸明显更大，并且包括充电器使电池能够从外部电源充电。当电池 SOC 高于预定值时，车辆以电消耗（CD）模式运行。这种情况下，车辆从电池获取更高的功率和能量，并且随着车辆的驱动，SOC 不断减少。如果电池系统可以提供足够高的功率水平（例如在下坡行驶时甚至可以动力回收），则 CD 模式可以是纯电动操作模式。或者，车辆可以设计成使内燃机在 CD 模式下接通以在需要时提供高功率。一旦电池消耗到预定 SOC，车辆切换到 CS 模式并且像 HEV 一样操作，其中内燃机提供大部分所需的驱动能量。每种模式下电池和车辆的响应以及两者之间的过渡如图 6.3 所示。因此，PHEV 的行驶里程不受电池能量的限制。

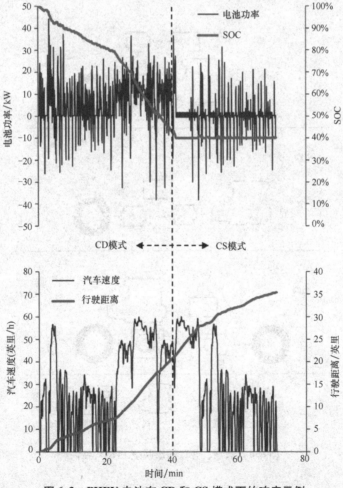

图 6.3 PHEV 电池在 CD 和 CS 模式下的响应示例

PHEV 的动力系统可以因架构不同而划分为通路、并联或串联 PHEV（见图 6.4）。在通路 PHEV 中，内燃机为一对驱动轮提供动力，而电动传动系统为另一对提供动力。在这样的配置中，适当的控制策略是至关重要的，不会扰乱车辆的动态。在并联的 PHEV 中，内燃机和电动机/发电机都机械地连接到从动轮，这是典型 HEV 构造方案，并且允许内燃机类似于传统车辆运行。在串联 PHEV 中，内燃机仅连接到发电机，并且从动轮仅连接到电动机。串联 PHEV 允许内燃机的速度与车辆自身的速度完全分离，因为两者之间没有机械连接，这可以潜在地提高内燃机的有效热效率。此外，尽管是由内燃机提供电力，串联 PHEV 也能体现全电动传动系统的动态优势。然而，串联 PHEV 在将能量从内燃机传递到车轮时会有效率损失，因为它必须首先将发动机的机械能转换成电能，然后通过电动机将其转换回机械能。该串联结构还需要更多的电气元件，因此会增加车辆的成本和重量。

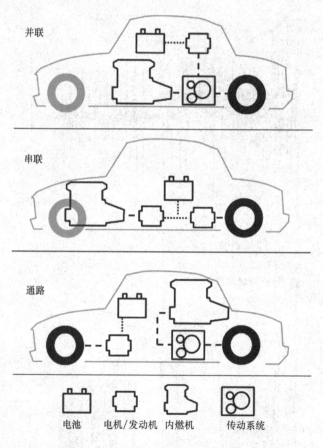

图 6.4　通路、并联和串联型 PHEV 架构

当设计串联 PHEV 使得电池可以提供长 CD 里程和足够的功率以满足车辆的所有需要而无需内燃机的干预时，它可以被称为增程式电动车辆（EREV）。例如 2012 款雪佛兰 Volt 的电池能够提供 37mile[4] 的范围，并提供足够的动力以满足车辆的所有动态要求，而无需内燃机的帮助。

与 HEV 一样，PHEV 电池设计和测试用的驾驶循环建立受到车辆平台、系统架构、电池控制策略等的影响，但现在，设计师还必须解决外部充电频率和 CS 及 CD 模式运行的分配问题。例如，在家中过夜充电并且在返回家之前行驶相对较短距离的驾驶员可能发现他们几乎可以在每天一次充电的 CD 模式下运行他们的 PHEV。这可由每天有一次充电事件的驾驶循环表征，很少甚至没有 CS 操作。但是，充电不方便的其他驾驶员可能不经常为电池充电，并且主要在 CS 模式下运行。如果可以进入公共充电站，或上班地点有充电条件，他们可能每天多次给电池充电，主要以 CD 模式运行。哪个驾驶循环对电池影响最大取决于电池的化学性质、系统的热特性和其他因素。

与 HEV 一样，如果可以获得足够的车辆和客户数据，则可以在车辆开发设计的过程中建立一套涵盖特定 PHEV 所有最坏情况的驾驶循环。为了更广泛的研究，表 6.2 的标准化循环可以证明是有用的。然而在任何一种情况下，都需要详细的车辆模拟器来将车辆行驶曲线转换成电气工作循环，可以通过应用 FASTSim 这样的免费软件[5] 很容易地来完成这项任务。

美国先进电池联盟（USABC）也制定了 PHEV 电池的技术目标，见表 6.3。请注意，这些值是一般化的，电池要求会因具体的车型而异，有关这些目标实现的信息可以在文献［7］中找到。虽然从这些目标可以看出 PHEV 电池以比 HEV 电池更低的平均倍率运行，但是 PHEV 电池仍然经常需要在 5C ~ 10C 的速率范围内运行。他们可能还需要每天完成几个源的 DOD 循环，这对满足寿命指标形成了挑战。将电动和燃烧动力传动系统包含在一台车辆中也使得对电池的体积、质量和成本要求更高，需要高能量密度和低成本的比能量。高功率、高能量、长寿命和低成本的这种组合可能非常难以实现，因此，PHEV 对电池的要求可以认为是所有汽车电池应用中最具挑战性的。

表 6.3 USABC PHEV 电池技术目标

电池寿命终止时的特性	单位	高功率/能量比电池	高能量/功率比电池
参考等效电驱动距离	miles	10	40
峰值脉冲放电功率（10s）	kW	45	38
峰值再生脉冲功率（10s）	kW	30	25
CD 模式的可用能量，10kW 速率	kWh	3.4	11.6
CS 模式的可用能量	kWh	0.5	0.3

（续）

电池寿命终止时的特性	单位	高功率/能量比电池	高能量/功率比电池
最低往返能效	%	90	90
冷启动功率在 −30℃ 下，2s，3 个脉冲	kW	7	7
CD 寿命/放电吞吐量	循环数/（MWh）	5，000/17	5，000/58
CS HEV 循环寿命，50Wh 情况下	循环数	300，000	300，000
日历寿命，35℃	年	15	15
最大系统重量	kg	60	120
最大系统体积	L	40	80
最大工作电压	V（DC）	400	400
最小工作电压	V（DC）	$>0.55 \times V_{max}$	$>0.55 \times V_{max}$
最大自放电	Wh/天	50	50
30℃下系统充电速率	kW	1.4（120V/15A）	1.4（120V/15A）
无辅助情况下工作和充电温度范围	℃	−30 ~ +52	−30 ~ +52
生存温度范围	℃	−46 ~ +66	−46 ~ +66
最大电流（10s 脉冲）	A	300	300
10 万单元/年下最高系统生产价格	$	$ 1,700	$ 3,400

注：来源于文献 [6]。

虽然铅酸在成本上具有吸引力，但其能量密度和比能量完全不足以满足 PHEV 的电池要求。镍氢电池技术面临着类似的挑战，尽管价格更高。锂离子电池目前是 PHEV 应用的首选化学品，因为它在当前的电池化学成分中提供了最高的能量密度和比能量，旨在最好地满足其他要求。但是，在给定寿命下，USABC 所要求的低温性能和成本仍然难以满足。

6.2.6 电池电动汽车

BEV 的传动系统仅由电池和电动机组成。它完全在 CD 模式下运行，无需内燃机的帮助。因此尽管能通过动力回收部分能量，平均来看电池 SOC 在行驶时处于不断下降状态。电池的能量和功率以及电动机的功率通常要求比 PHEV 和 HEV 的能量和功率大得多。与 PHEV 和 HEV 不同，BEV 的行驶里程取决于电池的能量，一旦电池耗尽，必须从外部电源充电（或者如果具备换电设施，则更换为新充电电池[8]），然后才能完成更多行程。

与 PHEV 和 HEV 相比，为 BEV 创建短期驾驶循环有所简化。由于电池是唯一的动力源，因此车辆的速度曲线可以很容易地转换为电池电量要求，不需要考虑来自内燃机的相互作用。USABC 为 BEV 提供了一个推荐的测试循环，尽管它是 BEV 电池运行的粗略简化。

或者如前所述，使用诸如 FASTSim 的车辆仿真软件从实际或标准化驾驶循环创建电池功率曲线则相对简单。但是，必须考虑电池整个寿命周期的驾驶循环顺序列，而这主要取决于消费者的驾驶模式。例如，与先前的 PHEV 示例一样，一些驾驶员可以每天为他们的电池充电并且行驶相对短的距离；其他驾驶员则可以在工作场所或公共充电基础设施来每天多次对电池充电；对于某些人来说，可能还包括使用快速充电器，比如可以在 30min 内充 80% 的电池容量，从而引起电池的额外磨损和热应力。

此外，车辆运行时的气候很重要。由于相对于 PHEV 和 HEV 电池，BEV 电池通常具有更大的电池容量，更低的 C 倍率和更短的连续运行时间，环境温度是确定电池的平均操作温度的最大决定因素。辅助负载也会影响电池的运行要求，因为它们必须完全来自电池，其中客舱供暖、通风和空调（HVAC）负载通常在这里占主导地位，并且与当地气候密切相关。重要的是要认识到与传统和混合动力车辆相比，在 BEV 中没有可用于加热驾驶室的重要废热源。

所有这些因素都会影响三个关键的 BEV 性能指标：车辆行驶里程、效用因子和电池磨损模式。关于车辆性能要求，行驶里程通常成为最重要的指标，这是由于消费者的需求基于他们的行驶模式以及潜在的里程焦虑。里程焦虑使消费者增加了对车辆行驶里程的安全裕度，以减少在电池耗尽时抛锚的可能性。确定 BEV 的最佳行驶里程的挑战主要来自于缺乏来自潜在消费者的可用驾驶模式数据，此类数据必须有足够的精度，以准确计算特定消费者能够在特定基础充电设施可用性情景下以特定行驶里程的 BEV 完成的驾驶比例（例如在家充电、在工作地充电、公共快速充电）。最严格的是，需要一年的行驶数据，包括每个特定个人每次行驶的时间、距离和目的地。

虽然这些数据来源很少，但对《出行选择研究》[9]中收集的 398 个驾驶员数据中的每一个进行的 3 个月的数据分析可以对车辆里程与效用之间的关系有所了解。图 6.5 显示了这些驾驶员在 BEV 的 70%，80%，90% 和 99% 驾驶日完成原始驾驶里程的比例下如何随车辆里程而变化。该图显示，对于几乎所有这些驾驶员而言，100 英里的 BEV 将在每 10 个驾驶日中的 7 个提供足够的里程，并且对于超过 90% 的这些驾驶员，每 10 个驾驶日中有 9 个同样能够满足。但是，它只能完全满足约 35% 的驾驶员的驾驶需求，这是因为虽然这些司机每天通常完成不到 100 英里的行程，但它们偶尔会驾驶更长里程，致使每天大大超过 100 英里。因此，实现广泛的 100% BEV 效用要么需要非常高续航里程的车辆，且具备能够方便地扩展 BEV 里程的配套基础设施；要么需要消费者行为发生显著变化。

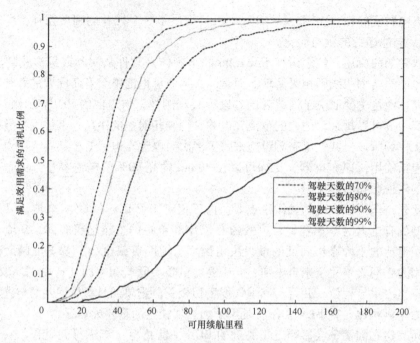

图 6.5　出行选择研究中 BEV 里程对车辆效用的影响

确定最佳 BEV 里程是一个令人感兴趣的问题。在撰写本书时，市场上的大多数 BEV 都提供了约 80 英里的 EPA 额定范围。虽然整个市场的一致性可能导致人们相信汽车制造商已经确定这个范围是最佳的，但事实并非如此。相反，制造商设计的 BEV 在使用 UDDS 标准衡量时会设计成 100 英里或更大的行驶里程，这是加州空气资源委员会（CARB）零排放车辆（ZEV）计划的要求。因此，这些车辆被设计成以尽可能低的车辆制造商的建议零售价（MSRP）实现 ZEV 要求。

然而，增加 BEV 行驶里程是汽车工业的主要目标。主要障碍是电池体积、质量和成本。USABC 最近更新了电池技术要求，推动了未来电池的发展。如表 6.4 所示，很明显，该行业在能量密度、比能量和电池成本等指标上有雄心勃勃的目标，以实现具有成本效益的、更长里程的 BEV。虽然锂离子电池是目前的最佳电池技术，但电池需要经过重大改进才能实现这些目标。因此，也正在针对先进的高能量密度候选电池研究 BEV 应用，包括固态锂离子、锂空气等。

表 6.4　USABC BEV 电池技术目标

电池寿命结束时的特性	单位	电池系统级	电池级
放电功率密度峰值，30s 脉冲	W/L	1000	1500
比放电功率峰值，30s 脉冲	W/kg	470	700

（续）

电池寿命结束时的特性	单位	电池系统级	电池级
比再生功率峰值，10s 脉冲	W/kg	200	300
可用能量密度@ C/3 放电率	Wh/L	500	750
可用的比能量@ C/3 放电率	Wh/kg	235	350
可用能量@ C/3 放电率	kWh	45	N/A
日历寿命	年	15	15
DST 循环寿命	循环次数	1000	1000
售价@ 100 万台/年	美元/（kWh）	125	100
运行环境温度	℃	−30 ~ +52	−30 ~ +52
正常充电时间	h	<7 小时，J1772	<7 小时，J1772
高倍率充电时间	min	80% SOC，15min	80% SOC，15min
最大工作电压	V	420	N/A
最小工作电压	V	220	N/A
电流峰值，30s	A	400	400
无辅助低温运行	%	在 −20℃时，C/3 放电率下可用能量 >70%	在 −20℃时，C/3 放电率下可用能量 >70%
24 小时耐温范围	℃	−40 ~ +66	−40 ~ +66
最大自放电率	%/月	<1	<1

注：来源：文献 [10]。

6.3 电网应用场景

2011 年，仅美国的电力服务规模就达 3710 亿美元年，提供大约 4.1×10^6 GWh 的电力，峰值功率为 782GW[11]，但是只有大约 23GW 的储能系统，其中约 95% 是抽水蓄能[12]。因此，与几乎所有其他行业不同，电力行业的产品几乎没有存储，其供需是持续实时平衡的。

增加并网能量存储量可以极大地改变电网运行方式，从而提高可靠性和服务质量。储能可以为电网提供许多不同的服务。美国能源部（DOE）储能手册[13]将这些应用分为表 6.5 中列出的五个不同类别，每个特定服务的详细描述见 DOE/电力研究院（EPRI）电力存储手册[13]。在此，列出了每项服务的主要绩效指标：所需的电量、一个循环的目标放电持续时间以及每年的预期循环数。

表 6.5 电网应用中对储能系统的规定

区域能源服务	功率范围	放电持续时间	最小循环次数/年
电能时移（套利）	(1~500)MW	<1h	250+
供电能力	(1~500)MW	2~6h	5~100
辅助服务			
区域调节	(10~40)MW	15~60min	250~10000
旋转，非旋转和补充备用	(10~100)MW	15~60min	20~50
电压支撑	(1~10)Mvar	n/a	n/a
黑启动	(5~50)MW	15~60min	10~20
其他相关应用			
输电基础服务			
延缓输电设施升级	(10~100)MW	2~8h	10~50
减轻输电拥堵	(1~100)MW	1~4h	50~100
配电基础服务			
延缓配电设施升级	(0.05~10)MW	1~4h	50~100
电压支撑	10kvar~1Mvar	n/a	n/a
用户能源管理服务			
电能质量	(0.10~10)MW	0.17~15min	10~200
供电可靠性			
零售电能时移	(0.001~1)MW	1~6h	50~250
需量电费管理	10kW~1MW	15min~4h	10~20

已经进行了大量研究来量化这些服务对电网的经济价值[14,15]，以寻求提高电网侧储能规模的途径。通常，单个储能系统必须提供多种服务以覆盖硬件、安装和维护的成本。为了聚合服务，重要的是要考虑每项服务的地理、监管和所有权要求，以及结合不同应用的工作周期的能力。

例如，提供配电服务需要将储能系统安装在其所服务的配电设施附近；法规可能会阻止单个储能系统从输电基础设施服务和大宗能源服务中同时获取收入；客户拥有的户内储能系统可以提供客户能源管理服务，但可能没有资格参与辅助市场。

在设计锂离子电池系统的应用时，还需要特别考虑其他竞争储能技术的优势对比。抽水蓄能（PHS）目前占安装储能的大部分，它每千瓦时的成本非常低；然而，安装小型 PHS 系统是不切实际的，而且它受限于地理环境——即电网中 PHS 的扩建受到选址以及环保阻力的限制。压缩空气储能（CAES）同样类似，尽管更灵活地安装的相关技术正在开发中，目前它仍需要特定的地质结构来运行并且必须作为大规模系统安装。

电池为电网提供了更加灵活的储能方式，可以较小规模安装，减少了地理和环境的限制，但迄今为止只实现了有限规模的安装容量以铅酸、钠硫为主[13,16]，虽然前者对高温环境敏感且循环寿命较差，但后者在很大程度上不受高环境温度的影响（钠硫是一种高温化学反应，温度高于 300℃），并且可以提供出色的高 DOD 循环寿命[13]。钠硫电池的缺点是充放电倍率有限：钠硫电池的最大放电率约为 C/7。氯化镍电池与钠硫电池非常相似，可以以更高的倍率运行，但仍然限于约 C/2。

最近，少量并网锂离子电池系统已经投运[13]。相对于备用储能方式，锂电池在电网储能市场的主要优势是能够灵活安装，功率范围从 1 千瓦到数百兆瓦，能以高充放电倍率运行，并提供长循环寿命。它还具有低质量和低体积的优点，尽管可能被视为不重要的约束，但对于空间受限的特定应用来说，实际上可能非常重要。考虑到这些优势以及表 6.5 所示的电网储能服务的技术要求和经济效益，锂离子电池可以为电网应用提供几种有吸引力的使用场景，如下一节所述。

6.3.1 需量电费管理和不间断电源

对商业客户来说，需量电费是公共事业费率结构的一个特征，它们根据峰值功率而不是总能量收取费用。峰值功率通常通过将每个月以 15min 的间隔来记录，然后选择产生最大 15min 平均功率的时间间隔来确定所收取的费用。这些费率结构通常包括不同的季节性峰值、中峰值和非高峰时段的需求费用。来自南加州爱迪生公司（SCE）（服务于洛杉矶地区，加利福尼亚州）的需量电费率结构作为一个示例摘录见表 6.6。利用用户侧储能系统可在高需求时段期间让电池放电，从而减少电能表测得的负载并由此减少需量电费。

表 6.6　SCE's TOU-GS-2-B 费率结构下的需量电费

费 用	时 段	成 本	单 位
设备相关需量电费	全时段	$ 13.94	$ /kW
时间相关需量电费	夏季高峰期	$ 16.20	$ /kW
	夏季中峰期	$ 4.95	$ /kW

注：来源：文献 [17]。

参照 SCE 的 TOU-GS-2-B 费率表，这项服务的价值可能超过 232 美元/kW/年。但是，必须认识到，系统中每增加一千瓦的功率，还必须增加更多的能量，如图 6.6 所示。因此，随着储能系统的功率增加，年度投资回报通常会降低。一项关于需量电费管理（DCM）价值的研究发现，当储能规模达到设施峰值功率的约 5% ~10% 时，ES 是最具成本效益的[18]。

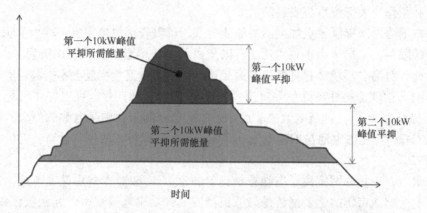

第一个10kW峰值
平抑所需能量

第一个10kW
峰值平抑

第二个10kW峰值
平抑所需能量

第二个10kW
峰值平抑

时间

图 6.6　随着峰值降低功率的增加，所需能量可能呈几何倍数增加

读者注意到，一些能量时移价值也可能会产生，因为电池可以在高峰时段放电并在非高峰时段充电。但是，该价值通常比 DCM 的值小一个数量级。

智能控制和预测系统也是有效实施 DCM 服务所必需的。用于降低峰值的电池调度必须以这样的方式进行，即电池在峰值需求期之前不会过早耗尽能量。由于需量电费是根据整个月观察到的峰值负荷间隔计算的，因此在每个月的过程中哪怕只有一次调峰失败也足以消除该月的整个经济利益。在准确预测的情况下开发最佳控制来实现电池调度相对简单，然而实现准确的需求预测，或者开发不需要精确预测的控制策略，更具有挑战性。

在具有昼夜需求周期特征的客户上设施时，电池功率将大幅波动，甚至可能在充电和放电之间快速振荡以响应需求。但电池 SOC 通常会下降，直到设施需求始终低于调峰目标。图 6.7 显示了使用完美负荷预测和最小电池 SOC 为 40%的最优控制器的系统响应示例。

此类场景的运行频率取决于控制策略、系统规模、预测水平和设施负荷的一致性。预计每月至少会发生一次这样的放电。当负荷在一个月内持续下降，或者当有高精度的长时间预测可用时，就可能出现这种情况。或者，可能每天都需要这样的循环，这通常发生在设施负荷保持稳定或设施负荷与日俱增且只有短期预测可用的情况。

如果设施负荷不是昼夜负荷，而是由客户特定的负荷峰值（可能由于特定业务流程）所主导，则工作循环和循环频率将大不相同。实际上，不同客户的需量模式不尽相同，并且需量电费管理的价值也相应地变化。因此，必须根据具体情况考虑电池工作循环以支撑系统设计。

不间断电源是在用户侧向个别客户提供可靠性服务的设备。此服务的价值取决于客户的用途，例如电信行业非常重视在停电期间维持通信塔的运行，而信息

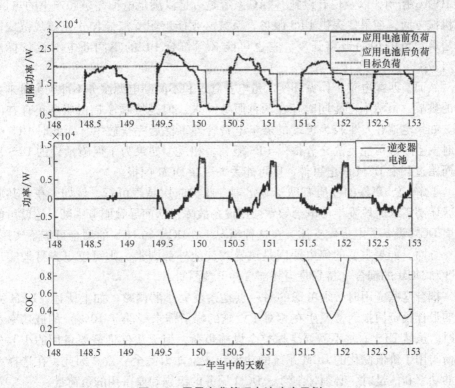

图 6.7 需量电费管理电池响应示例

技术公司则非常重视维持服务器的运行。这两个行业都可以在电力服务中断的每一分钟设定美元价值。这些行业可以使用锂离子系统来减轻短暂停电（小于 1h）的影响，或作为桥接系统来实现从电网供电到备用发电机供电的无缝过渡，以应对更长时间的停电。

另一方面，意外中断生产过程会对制造的产品和设备造成损害。例如，针对精密产品的计算机控制加工的最后阶段，加工操作失去动力将不可挽回地损坏近乎成品并损坏加工工具。这些行业因此为每次停电事件设置一个美元价值。在这里，锂离子电池系统可以提供短时间（小于 1h）向电池备用电源的无缝过渡，以实现生产设备安全关闭。不需要增加长时间的备用电源。

电池工作循环当然是针对客户和他们的需求而言。同样，循环频率取决于客户的服务范围和服务质量。然而，通常可以假设电池将需要在很大恒定功率持续地放电 15～60min。

鉴于这两个应用都是用户侧的应用，在耦合这两个应用时也没有地理冲突，它们的热、环境、互连和滥用要求也类似。散热要求取决于系统是安装在客户设施内部还是外部，如果系统安装在设施内，设计人员必须确定内部安装地点是否由 HVAC 控制，以及现有设施 HVAC 系统是否足以满足电池需求和产生的热量。在机械方面，如果要提供 UPS 服务，系统必须能够耐受按照加州建筑规范或国际建筑规范的预期地震强度。它也可能必须符合 UL 的不间断电源设备标准 UL 1778。

然而，匹配电气工作循环使需量电费管理和不间断电源服务不冲突会带来更大的挑战。虽然不可能同时存在两种服务需求，但是按顺序提供服务仍存在问题。如果电池在发生较为极端的需量电费管理事件后完全放电，而此时 UPS 事件时发生，则可能无法充分提供 UPS 服务。相反，如果为了保障预设的 UPS 事件而错过某个 DCM 放电事件，则可能丢失一些 DCM 回报。

了解 UPS 事件的性质有助于确定耦合此类应用是否可行。例如，在公共服务区域高需求时段发生停电会导致公用设备故障，从而导致服务中断，这就可能需要 DCM 设备放电提供支撑。在这种情况下，DCM 和 UPS 的耦合可能不实用；另一方面，如果主要的停电原因是风暴或其他外部因素，则可以更容易地实现 UPS 和 DCM 的耦合（特别是当外部事件可预测时）。

耦合这些应用时必须考虑的另一点是系统大小的调整。如上所述，DCM 系统的最佳投资回报通常发生在相对于设施的峰值需求（小于 10%）的低功率水平时。虽然 UPS 通常不需要支撑整个设施负荷，但无法保证需要备用的小部分负荷与用于价值优化的 DCM 系统的功率和能量能力完全一致。因此，在选择系统的功率和能量时，必须仔细考虑 DCM 服务的级别和要备用的负荷量。

6.3.2 区域调节和输配电设备升级延期

区域调节是一项辅助服务，旨在确保电力供应在短时间内精确匹配电力需求。这产生了增加（上调）或减少（下调）电网电量的需求。传统（火力）发电通常通过在低于其最大容量的工况下运行来提供能源服务，从而留下一定的出力上调空间来提供区域调节服务。例如，1MW 的燃气动力涡轮机可选择以 800kW 的功率运行以提供能源服务，从而以未使用的 200kW 容量来提供可上行功率。也可以选择提供 200kW 的下行调节能力，这将使其输出功率降低到 600kW，从而消除电网能量不平衡。虽然理论上传统发电机可以提供低至 0kW 的输出，但实际上传统的发电机具有最小负荷点，低于该最小负荷点，运行将不切实际。一旦设定了这些界限，机组就响应由本地调度机构提供的自动发电控制（AGC）信号，设定任何给定时间机组的调节输出。

另一方面，储能可以通过充电来响应下调指令，通过放电来响应上调指令。因此，1MW 的存储系统可以在正负两个方向上提供其完整的 1MW（假设系统在请求时没有完全充电或放电）。与传统发电相比，它还具有快速响应的优点。常规发电调节速率通常几分钟或更长，因此，在 AGC 指令变化和发电机的输出变化之间可能存在相当大的延迟。储能的响应时间通常几秒或更短，因此几乎可以立即响应调度机构的请求。响应时间方面的提升可以显著减少平衡电网所需的总调节量（以兆瓦为单位）。认识到这一事实，最近的法规已经实行了按性能付费的要求，它将为快速响应的技术支付两倍于调节缓慢的功率调节服务机组的价钱，使得调节服务成为许多储能技术的盈利的价值来源[19]。

考虑储能系统的效率也很重要。虽然它在上调指令期间输出能量将获得报酬，但它还必须支付下调指令期间输入的能量。这超出了地区调度机构付款的范围，因此，具有低充放效率的储能系统将在经济上受到惩罚。

当提供区域调节服务时，电池几乎连续以不断变化的功率运行，通常在充电和放电之间切换。对电池的未来需求很大程度上是不可预测的，这对设计者在决定电池如何响应 AGC 信号（或类似信号），以便最大化系统的价值方面提出了挑战。必须考虑上调和下调值、系统效率、热响应、电池劣化和历史 AGC 信号数据的差异。图 6.8 显示了一种潜在策略对设计区域调节储能控制策略的影响，该策略导致了许多小的 SOC 循环周期和偶尔的大 SOC 循环周期。

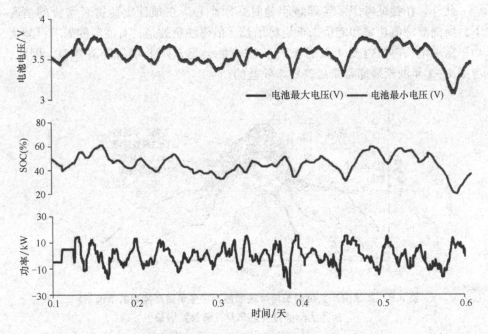

图 6.8　示例摘录的区域储能系统调节工作循环和响应

延缓输配电设施升级都涉及使用储能系统来减少昂贵输电或配电设备上接近负载上限的负载，从而延缓资产的更换。例如一条具有 100MW 限制的传输线，如果超过此限制，传输线将过热并故障。输电线路规划人员预计该线路上的负荷正在以一定的速度增长，且在明年 7 月达到需求峰值时，将超载 1MW。输电线路规划人员有两种选择：①开工并在7月之前完成一项1000万美元的项目建设，以便在超载发生之前升级输电线路；②找到消除7月份1MW超额负载的方法。选项②可以通过储能系统来实现，该储能系统位于输电线路的负荷端，当输电线路负荷超过100MW时，该系统可以执行1MW的调峰功能。延缓大规模输电线路升级的减少成本，可以通过传输费用支付方的升级成本来确定，可将年度固定费率（通常为0.08~0.15）乘以总投资来计算。在这个例子中，0.11固定费率下可减少成本是110万美元。因此，如果一种能源系统可以在7月份以低于110万美元的价格在选定地址实现建设运营，那么选项②是更具成本效益的选择。

延缓资产升级对于储能而言具有经济吸引力。需要储能系统放电的情况可能很少发生，每年大约10次或更少。某些储能技术的运行条件也相对宽松，只需要C/2或更低的平均倍率。但是，服务价值和技术要求各站不尽相同，因此与前面讨论的DCM和UPS应用一样，系统设计人员必须单独针对每个储能系统进行优化。

此外，在尝试考虑多年延缓问题时必须小心。在预计负荷持续增长的情况下，所削减峰值功率和能量需求也将增长。值得注意的是，对能源的需求可能比功率需求增长得快得多（见图6.9），这可能会迅速降低项目经济效益。因此，考虑1~2年的延缓通常是最具成本效益的。

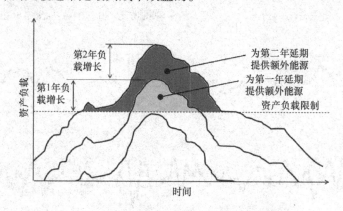

图6.9　如果资产负荷增长持续或加速，在多年资产延期的情况下，
所需的储能量会逐年呈几何级数增长

出于这个原因，为该服务采用可移动储能系统是有吸引力的。可移动系统不仅能够连续几年服务于不同的站点，而且可能在同一年内为多个站点提供服务。虽然识别潜在的站点具有挑战性，但它会使系统的盈利能力翻倍。对于这种可移动系统，能量密度、比能量以及在运输环境中的机械稳定性成为更重要的性能指标。这些要求使锂离子电池比液流和铅酸电池（能量密度和比能量方面）以及

钠硫电池（机械强度，C-倍率）等技术具有更大的优势。

区域调节和延缓资产升级相结合相对简单。但必须对延缓资产升级服务进行地理考量，并确保该站点可提供区域平衡服务。该系统可能是一个规模大于100kW 的独立装置，装在一个集装箱中，以便于在户外安装、运行及运输。散热需求将由运行环境和区域调节服务决定，装置连续运行，以及逆变器安装在同一集装箱中的情况可能需要主动冷却系统；机械要求则将围绕运输环境、每年要服务的站点数量以及设备的总使用寿命进行设计。

从逻辑上讲，第三方可以拥有并运营储能系统，向市场销售辅助服务，向输电运营商销售延缓资产升级服务。假设设备要在一个地点安装和运行 10~12 个月，当服务的输配电资产低于其负荷上限时，它可以随时提供区域调节服务；当通过短期预测（1~2 天），预测其将超过负载上限时，储能系统将开始减少其调节服务以在过载情况之前做好准备（提前充电）。当过载情况开始时，电池将进入调峰模式，使电池放电以低于其过载限制。一旦风险过去，电池将返回到调节服务。

如果延缓资产升级事件的频率和持续时间很短，除了延缓资产升级收益外，系统还有机会从区域调节中收取可观的收入。但是，必须认识到延缓资产升级服务必须具有极高的可靠性，以免设备失效并产生大量额外费用。因此，必须提供高度准确的预测，并建议保留较大的裕度（通过较大的系统能量和功率）。

6.3.3 社区储能

在社区储能（CES）中，往往在公用电网区域内的配电馈线上安装大量10~100kWh 和 10~100kW 的电池系统。配网位置的边缘，聚合许多单元以提供大容量服务的能力以及电网所有权使得 CES 能够提供许多不同的服务，包括延缓输配电升级、区域功率调节、备用电源、电压支撑、提升供电能力等。因此，有很多空间来优化系统的价值，但这样做并不简单，如前所述的许多不同应用组合间的协调问题必须得到解决。工作循环和系统要求将根据所选的应用组合而有所不同。目前已经启动了若干示范性 CES 项目以研究这些问题。

除了能够为这么多应用提供服务外，CES 的一个潜在优势是能够利用汽车行业的技术发展和降低成本。CES 电池的系统尺寸和技术要求通常与 BEV 电池类似。因此，随着 BEV 市场的增长，汽车行业对 CES 的兴趣和试点建设也将愈加强烈。

然而，CES 的一个挑战是对极低维护系统的需求，因为需要最小化其运维成本，往往以地理上广泛分布的方式部署大量单元。这种担忧经常出现在针对 CES 寿命和热管理的讨论中，这需要储能系统具备较长的使用寿命来最小化硬件更换成本——虽然主动冷却系统可以帮助延长寿命，但它们也有自己的维护要求。

CES 热管理的早期研究表明，像温室一样的装置会导致电池温度过高而对电池寿命有害。然而，他们也建议[20]在应用智能电气控制的情况下（见图 6.10），简单的被动热管理技术，例如避免太阳直射，或将电池放置在拱形顶棚下并与地面温度建立较强热连接就足以满足散热需求了。

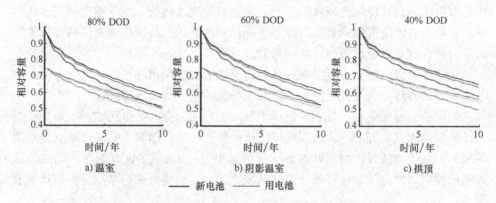

a) 温室   b) 阴影温室   c) 拱顶

—— 新电池 —— 用电池

图 6.10　亚利桑那州菲尼克斯市三种不同被动 CES 热配置
（温室、阴影温室和拱顶）模拟的电池磨损变化

虽然早期的 CES 装置已经预见到拱形配置的好处，但有些实际上更像是温室，放大了太阳辐射的影响并使电池与土壤隔离。此外，拱形装置必须小心地管理渗水，因其重新放置的灵活性较差且成本高。

6.3.4　其他并网应用

与电网本身一样，电网中储能的应用仍在不断发展，与分布式技术、新能源发电技术和智能电网技术的结合也愈加紧密。当然，电网储能技术的要求以及选址定容的方法也将继续发展，例如风能的渗透率增加可能会导致风电场需要类似功率调节的服务。类似地，越来越受欢迎的用户侧太阳能发电应用可能会使电力公司要求在用户侧安装储能以平滑电力和电压波动。因此，随着储能渗透率的增长，电池系统设计人员必须及时了解新市场的变化。

参 考 文 献

[1] Neubauer, J., and E. Wood, "Accounting for the Variation of Driver Aggression in the Simulation of Conventional and Advanced Vehicles," presented at the SAE 2013 World Congress & Exhibition, April 16-18 2013, Detroit, MI; SAE Technical Paper 2013-01-1453; NREL Report No. CP-5400-58609; and CP-5400-57503.

[2] Tartaria, H, O. Gross, C. Bae, B. Cunningham, J. Barnes, J. Deppe, and J. Neubauer, "USABC Development of 12 Volt Battery for Start-Stop Application," EVS27, Barcelona, Spain, 2013.

[3]   Gonder, J., A. Pesaran, D. Howell, and H. Tataria, "Lower-Energy Requirements for Power-Assist HEV Energy Storage Systems—Analysis and Rationale," presented at the 27th International Battery Seminar and Exhibit, Fort Lauderdale, FL, March 18, 2010.

[4]   http://www.fueleconomy.gov/feg/Find.do?action=sbs&id=32655, accessed 11/19/2013.

[5]   http://www.nrel.gov/vehiclesandfuels/vsa/fastsim.html, accessed 11/19/2013.

[6]   USABC Requirements of End of Life Energy Storage Systems for PHEVs, http://www.uscar.org/commands/files_download.php?files_id=156 , accessed 11/19/2013.

[7]   Pesaran, A., T. Markel, H. S. Tataria, and D. Howell, "Battery Requirements for Plug-In Hybrid Electric Vehicles: Analysis and Rationale," presented at the 23rd International Electric Vehicles Symposium and Exposition (EVS 23), Sustainability: The Future of Transportation, December 2–5, 2007, Anaheim, CA.

[8]   Neubauer, J., and A. Pesaran, "A Techno-Economic Analysis of BEV Service Providers Offering Battery Swapping Services," NREL Report No. PR-5400-58343, presented at SAE 2013 World Congress, April 17, 2013, Detroit, MI.

[9]   Traffic Choices Study—Summary Report, Puget Sound Regional Council, April 2008, http://psrc.org/assets/37/summaryreport.pdf.

[10]   Neubauer, J., A. Pesaran, C. Bae, R. Elder, and B. Cunningham, "Updating United States Advanced Battery Consortium and Department of Energy Battery Technology Targets for Battery Electric Vehicles," *J. Power Sources*, Vol. 276, pp. 614–621, 2014.

[11]   http://www.eia.gov/electricity/annual/, accessed 11/9/2013.

[12]   Energy Storage Activities in the United States Electricity Grid, Electricity Advisory Committee, May 2011, http://www.doe.gov/sites/prod/files/oeprod/DocumentsandMedia/FINAL_DOE_Report-Storage_Activities_5-1-11.pdf.

[13]   Akhil, A., et al, "DOE/EPRI 2013 Electricity Storage Handbook in Collaboration with NRECA," Sandia report SAND2013-5131, July 2013.

[14]   *Electricity Energy Storage Technology Options: A White Paper Primer on Applications, Costs and Benefits*, 1020676, Electric Power Research Institute (EPRI), Palo Alto, CA, December 2010.

[15]   Eyer, J., and G. Corey, Energy Storage for the Electricity Grid: Benefits and Market Potential Assessment Guide, SAND2010-0815, Sandia National Laboratories, February 2010.

[16]   Doughty, D., et al, "Batteries for Large-Scale Stationary Electrical Energy Storage," *Electrochem. Soc. Interface*, Fall 2010, pp. 49–53.

[17]   www.sce.com, accessed 11/9/2013.

[18]   Neubauer, J., and M. Simpson, "Optimal Sizing of Energy Storage and Photovoltaic Power Systems for Demand Charge Mitigation," Electrical Energy Storage Application & Technologies, San Diego, CA, October 2013.

[19]   http://www.ferc.gov/whats-new/comm-meet/2011/102011/E-28.pdf, accessed 11/9/2013.

[20]   Neubauer, J., et al, "Analyzing the Effects of Climate and Thermal Configuration on Community Energy Storage Systems," Electrical Energy Storage Application & Technologies, San Diego, CA, October 2013.

第 7 章

系 统 设 计

除液流电池外，电化学储能的组成形式是电池单体。储能系统可由电池单体或多个电池组成，例如在消费电子设备领域或大规模的系统如在电力系统和汽车应用中，将成千上万个电化学单元组成储能系统。储能系统的设计基于前述章节，包括：

- 确定应用需求及运行工况（第 6 章）；
- 选择合适的电化学技术（第 1 章）；
- 电化学电池的选择和/或设计（第 2 章）；
- 热、寿命和安全特性（第 3 ~ 5 章）。

在本章中，假设已经从现有技术中选择了合适的电化学电池。理想情况下，在电池选择过程中考虑的因素包括电池的功率能量比与应用场景的匹配、预期寿命、成本和与供应商的业务关系、产品一致性、电池形状的安全性和兼容性，及系统的成组。

从单电池到储能系统，本章讨论的设计方面包括：

- 调整寿命初期（BOL）多余的能量和功率，以满足寿命末期（EOL）电池能量和功率要求。
- 确定电池数量和结构拓扑。
- 建立热管理系统拓扑、设计和控制阈值。
- 电池包内单体和模块的组装。
- 电气系统的设计，包括电池均衡、继电器、接触器、断路器及熔丝。
- 电池管理系统（BMS）控制器调节：
  - 电池荷电状态和出力状态的估计；
  - 可用功率限制。对于锂离子电池来说，在低温下建立可用充电倍率以避免 Li 电镀，以及在高温下降低功率限制以避免过热是非常重要的；
  - 电池均衡策略。
- 监测调节（例如，确定电池寿命开始的能量和功率可用量，达到可接受的循环寿命，包括在假定的最坏情况下，如在热环境下定期快速充电）。
- 对照初始需求的验证技术。
- 保修和循环寿命管理（预期寿命、单电池的初始损坏率、过早失效概率、更换失效单元的维护清单)、退役(再利用、回收、处置)。

与电池单体设计类似,电池系统设计包括评估每个步骤的成本、性能、寿命和安全性的权衡。本章主要讨论包括电气系统设计、热和机械设计、电子控制系统、设计步骤和设计标准。包含两个设计案例:一个用于汽车应用,一个用于固定式并网应用;汽车案例研究开发了一个半经验寿命预测模型,并使用该模型来计算寿命与性能和成本之间的权衡;电网案例调研了大量光伏(PV)发电的商业用户在所谓降低需求费用方面的储能应用。用户的目标是尽可能减少每月的用电支出。

7.1 电气设计

第 6 章中讨论的储能应用分析提供了储能系统必须满足的预期功率与时间的运行工况。对于能量型应用,功率要求会很低,但是充电和放电持续时间会很长;对于高功率应用,功率要求将很高,功率和放电/充电脉冲时间决定了能量需求。

7.1.1 功率/能量比

根据经验,寿命为 10 年的系统,根据运行工况需求,系统配置约 20% ~ 30% 的能量冗余和 30% ~ 70% 的功率冗余,为整个寿命周期的性能衰退提供了余量。配置的能量和功率冗余也考虑了在一些极端的运行条件下,例如在寒冷的温度下。固定式储能应用配置较为灵活,可以在全寿命周期中定期增加容量,以便维持电池衰退后的性能;但移动式应用场景无法做到。

这些功率和能量需求(包括冗余量)确定了系统和电池的功率与能量(P/E)比。不管有多少个电池串联组合,有多少个电池并联组合,电池和电池组的 P/E 比率都保持不变。对于系统设计人员来说,研究从具有预期 P/E 比的电池开始,电池选型调研需要考虑的其他电气属性包括容量(Ah)、标称、最小和最大电池电压、寿命预期和热行为/要求。

7.1.2 串/并联拓扑

电池组标称电压、最小电压和最大电压必须与所连接的系统相匹配。交流变压器不能直接转换电化学储能系统提供的直流电力,通过 DC-DC 转换器可以调整电池组的电压以满足不同的系统要求;但这通常比找到更能满足要求的电化学电池成本更高。电池组的标称电压 V_{pack} 以及电池单体标称电压 V_{cell},根据以下关系确定必须串联的电池数量 n_s:

$$V_{pack,nom} = V_{cell,nom} x n_s \tag{7.1}$$

式（7.1）中，电池/电池组标称电压的关系，可以类似地表征最小和最大电池/电池组电压。已知串联电池的数量，可以确定并联电池数量 n_p，以满足总能量 $E_{pack,total}$（Wh）的需求。

$$E_{pack,total} = V_{cell,nom} Q_{cell} n_s n_p \tag{7.2}$$

式中，Q_{cell}（Ah）是电池的容量。

关于串/并联拓扑，串/并联组合在极端情况下分为两大类。一般来说，电池并联连接在一起组成超级电池，超级电池再进行串联连接。这就是所谓的 P 先于 S 拓扑，如图 7.1a 所示。相反，S 先于 P 拓扑如图 7.1b 所示。

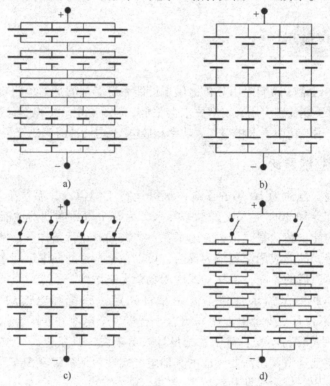

拓扑	需要均衡的电池组数量	发生失效电池后的可用能量
a) 4P-5S	5	~0
b) 5S-4P	20	~0
c) 5S-4P(转换)	20	75%
d) 2P-5S-2P(转换)	10	50%

图 7.1 串联/并联拓扑示例（每个拓扑具有相同的能量和功率能力）

P先于S的好处是并联电池具有相同的容量，组内性能较强的电池可为性能较弱电池提供补充。并联电池组可以在组内某个电池开路故障时部分工作，但有电池短路时则无法正常工作。P先于S拓扑的另一个好处是，相对于S先于P拓扑结构，每个并联组而不是每个电池单体，只连接一次均衡电路。

如图7.1c所示，当将接触器或有源开关置于串联组末端时，S先于P配置的好处就出现了。在S先于P拓扑中，任何一个串联组都可以在该串发生故障时从系统中电动移除。

选择P先于S或S先于P拓扑，本质上是对每个电池的电气布线复杂性（用于电池电压测量和均衡）与预期电池故障率和容错需求（根据系统要求和电池过早故障的预期率确定）的权衡。除了几百节电池的系统，超大容量系统通常具有嵌套的并联/串联/并联连接（见图7.1d），是成本、复杂性、容错性和对配置的安全性的综合考虑。

图7.1中的四种拓扑在电池电压监测/均衡所需的连接数量与电池故障时持续运行能力之间进行权衡。

在安全性方面，并联电池数量的最大值限制因素是对单体电池内部短路的容错度。在并联连接中，健康的电池将为内部短路的电池释放能量，加剧了电池失效。只要确保单体电池在发生内部故障时能够吸收相邻电池的所有能量，那么在P先于S拓扑中并联电池之间进行硬连接是合适的。如果担心故障情况，并联电池组应设计熔丝、薄熔丝母线连接（见图7.2a），或分成若干S先于P子组。

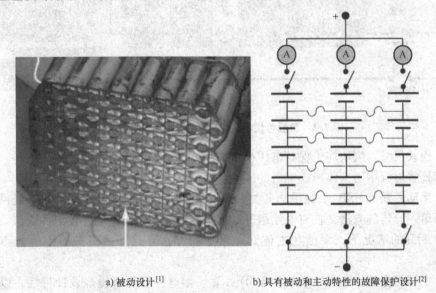

a) 被动设计[1]　　　　　　　　　b) 具有被动和主动特性的故障保护设计[2]

图7.2　并联电池组的熔丝母线布置

149

图 7.2b 所示的故障保护拓扑是一种既能检测电池内部短路，又能减轻其对系统[2]影响的设计。这种设计在并联电池间采用熔丝母线连接，与串联连接相比，用于均衡的并联连接不需要使用高导电引线。该设计还采用了有源元件，在串联电池组的顶端配置了电流传感器和接触器。串联电池组之间的电流不平衡表示内部电池故障，进而接触器将切断来隔离故障组，详见文献 [2]。

7.1.3　系统均衡

雪佛兰伏特汽车电池组电气配置示意图如图 7.3 所示。这辆插电式混合动力汽车（PHEV）使用电池 288 节、单体容量 15Ah、标称电压 3.75V，组成 3P-96S 电池组。这种 T 形包装组合了几个不同尺寸的模块，以适应车辆碰撞保护区内的可用空间。下面讨论其他常见动力电池组电气系统的均衡方式。

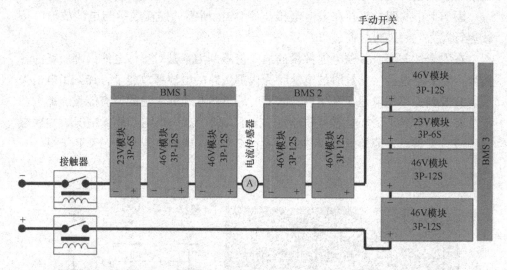

图 7.3　雪佛兰伏特汽车电池组电气配置示意图

模块尺寸。模块应确保其电压小于 50V，以最大限度地降低制造、维护、翻新和处置过程中对人体造成电击的风险。

手动开断（MSD）。此手动开关大致位于电池组中间。MSD 的目的是提供一种简单、容错的方法，在对电池组进行维护之前，切断组件的主体电源连接。在 MSD 断开的情况下，无法在主体回路形成短路，并且即使接触器闭合也不会拉弧。

主组件保险。主保险通常与 MSD 并置。熔丝一般具有慢烧设计特性，以承受短暂的意外脉冲，但在短路或系统故障时，可在持续的大电流情况下进行保护。

　　接触器。两个接触器（继电器）位于电池组终端。正负引线都是独立通断，以提供容错性。接触器由 BMS 驱动接通/关断，但如果 BMS 信号与被动保护联锁回路串联，接触器也可以被关断。这种低压回路保证了运行/保护关键部件（MSD、连接/引出组件的高压电线等）的正确接合。高压接触器的另一个特点是具有预充电电阻，可在闭合前匹配开关两侧的电压，以防止大的冲击电流和电弧通过开关，避免损坏接触器、熔丝、电池和连接件。只有直流接触器可用于电池组，因为交流接触器依靠改变电流方向来断开开关。

　　接地故障检测。为了考虑容错，电池组的正极和负极都不接地。任一端与地相连都属于异常情况；如果另一端也与地连接，系统会面临短路风险。接地故障检测系统（图 7.3 中未示出）交替地将一个大电阻（可能是预充电电阻）连接到正极与地之间，检测电阻上的泄漏电流；然后断开连接，将大电阻连接到负极与地之间，检测电阻上的泄漏电流。如果任一极漏电流超过确定的阈值，BMS 将判定接地故障。接地故障说明系统中某处的电气隔离故障，无论是在布线中还是在电池壁和支架中（因为一些电池具有连接电池某一端子的外壳）。

　　热管理系统。在 7.2 节中讨论。

　　电池管理系统。在 7.4 节中讨论。

7.2　热设计

　　为了电池的性能、寿命和安全性，热管理系统必须将电池保持在电池工作温度的极限内。关于热管理技术和测量模拟热量产生率方法的讨论，请参见第 3 章。第 5 章基于安全性方面提供了重要的热设计考虑。在设计热系统时，其有效性必须与增加储能系统的额外成本、体积和质量相权衡。热管理系统很少被设计成能连续处理最坏情况下的发热率。

　　如图 7.4 所示 PHEV40 的电芯 RMS 和平均电流统计数据，这对确定电池内部的发热非常重要。PHEV40 仿真包含一个 17.6 kWh、292V 标称电池组，是由 270 个 20Ah 单体组成的 3P-90S 电池组。该图汇总了 RMS 和平均电流累积分布中数百个可能行驶循环的模拟结果。考虑到图右侧电流的急剧上升，设计热管理来处理约 80% 行驶循环处电流达到 60A 或 3C RMS 时的持续发热是合理的。对于剩余超过热管理系统连续冷却能力的 20% 行驶循环，系统可以依靠热质在瞬态（有时是短期驱动循环）抑制电池发热。如果电池温度上升得太高，BMS 可以与监控器通信降低功率限制，从而限制充电/放电速率，减少电池内部热量产生。

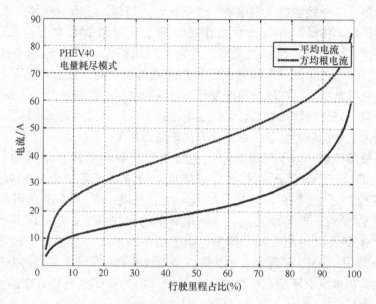

图 7.4　数百个 PHEV40 行驶周期计算的平均电流和
方均根电流的累积分布函数[3]

当选择冷却/加热流体时，如果性能满足要求，空气冷却比液体冷却更合适。空气冷却成本低、结构简单；而液体冷却结构复杂，容易泄漏，但由于液体比空气的热容大，因此冷却电池的速度更快、更均匀。另一个防止温升的策略是选择低内阻或高 P/E 比的电池，可以降低给定工况下的产热率。而采用冷却空气或液体的蒸汽压缩系统可进一步提高寿命，尤其是在高温环境下。图 7.5 展示了考虑寿命的四种散热策略示例，采用液体冷却使电池寿命更长，它可以延长固定尺寸系统的寿命，或者可以减小固定寿命（比如 10 年）所需的系统尺寸。对于一辆 PHEV 来说，假设锂电池成本为 300 美元/（kWh），行驶地点为亚利桑那州菲尼克斯市，一套成本不到 500 美元的液体冷却系统可以通过减小电池的尺寸来支付自身费用。或者，如果电池尺寸保持不变，与使用环境空气的空气冷却系统相比，使用液体冷却的电池可以多工作 2～5 年[5]。

举个热管理的例子，如图 7.6 所示为雪佛兰伏特系统示意图。在 288 芯的电池模组中，每隔两节电池之间放置带有冷却液通道的薄板，对于冷却液的控制有三种模式：①加热模式，通过与冷却液体连接电阻加热器，在冬季进行预热；②环境冷却模式，当电池过热且外部温度足够低时，冷却液循环通过车辆前方的散热器进行冷却；③制冷冷却模式，冷却液在冷却器中冷却。冷却器是 HVAC 蒸汽压缩系统的一部分，该系统也通过单独的蒸发器为车内降温。

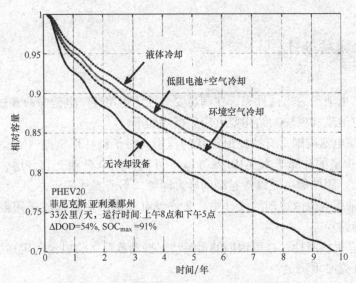

图 7.5　几种热管理策略的锂离子电池寿命比较

（采用石墨/NCA 锂离子电池的 PHEV20 型车辆）[4]

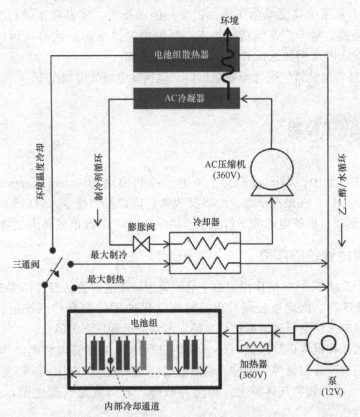

图 7.6　雪佛兰伏特电池热管理系统

7.3　机械设计

电池和电池组的机械外壳旨在满足安全性、耐用性、电池寿命和热管理的要求。关于电池座和模块的结构要求简要概述如下：

- 保持电池周围具有棱柱形形状的压力。对于棱柱形电池（无论是硬壳还是软包），少量的外部压力（10～20kPa）可以抑制电极渐变和分层，有助于延长电池寿命。圆柱形电池维持卷绕的压力即可，不需要外部压力。

- 在采用电池内冷却的设计中，允许具有流体散热路径或采用散热片或冷板的热传导路径。

- 具有机械刚性，在可预期的最差情况振动载荷下将电池固定在适当位置。包装外壳必须满足：

- 设计有能够承受一定机械外力的外壳（例如，站在包装上的人或掉落在包装上的人或物体）。

- 具有从某个高度跌落（例如铲车）的承受力，或者在车辆行驶情况下，能够承受碰撞。对于汽车的机械要求，根据电池组在防护区内（例如乘用车）或不在防护区内（例如送货卡车），有很大的不同。

- 能够将电池排气引导至安全出口，包括在电池故障情况下。

7.4　电子控制

在一些行业中，BMS 被称为电池电子控制模块（Battery Electronic Control Module，BECM）。在最高层级，BMS 接收来自监控器的指令，以启动/停止、关闭/打开接触器，反馈电池的运行状态。接下来讨论 BMS 的各种附加功能。

7.4.1　电池管理的作用

图 7.7 总结了 BMS 的作用。由于电池属于被动的装置，会对需要充/放的任何负载做出响应。因此监控器负责控制使负荷在 BMS 报告的系统运行极限内，通过测量的电流、电压和温度信号来确定电池能量和功率限值。

除了估计和报告运行限值，BMS 需要进行电池的热管理和电池均衡。BMS还必须检测故障并记录异常事件，包括电池/电池组过/欠电压/电流/温度、接地故障/电气绝缘失效、气体检测、传感器故障、看门狗定时器通信以及校验和错误。

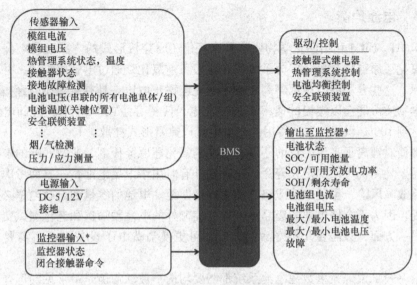

*通过网络标准，例如，控制器局域网标准(SAE J1939)

图 7.7 BMS 输入和输出

7.4.2 BMS 硬件

BMS 和均衡系统有多种拓扑结构，详见文献 [6]。BMS 硬件方面的考虑包括输入/输出精度、参考电压稳定性、运行温度范围、通信速率、电磁干扰容限、内存和计算速度。对于锂电池系统，BMS 与电池均衡系统联合运行。如果均衡系统置于 BMS 内，它必须能够保证均衡电阻及电路的散热。

BMS 可以以主/从形式配置，以使 BMS 和电池之间的导线数量和长度最小。极端地如果仅采用主 BMS 配置，使整个电池组的 BMS 功能完全集中，传感器采集、电池均衡和计算都在一个盒子中进行。另一个极端是仅采用从站 BMS 配置，使用分散式的单体级处理器，每个处理器完成单个电池或一组并联电池的检测、计算和均衡。或许完全采用从站配置并不是严格可行的，因为必须有一些方法来协调电池均衡以及实现整组电池目标，例如闭合接触器、故障识别以及与监控器通信。

选择特定的主/从硬件架构是为了最小化成本、体积及重量，便于维护或模块更换，并最大限度地提高电池组的性能和寿命。在硬件选择上，架构设计是为了避免长距离布线及减少布线连接数量。从汽车行业的经验来看，车辆内部的每一根线缆连接成本为 1 美元。此外，CAN 通信的每个发送/接收节点的成本约为 0.50 美元。

7.4.3　电池均衡

NiMH、NiCd 和铅酸化学物质都具有氧化还原穿梭形式的内部过充电保护机制。氧化还原穿梭是指一些分子可以在正极可逆氧化，通过电解质扩散，并在负极还原，这些分子的电位都略高于额定的充电截止电压。具有氧化还原穿梭特性的化学物质可能会以缓慢的速率被过度充电，使得容量或 SOC 不匹配的电池最终都达到 100% SOC，未被使用的充电电量以热量形式耗散。

即使对锂离子来说，目前还没有成熟的氧化还原穿梭剂，非常匹配的电池可能不需要均衡仍可以实现长寿命。这种拓扑有时用于卫星电池，一方面考虑到均衡电路故障风险，也使电池成组之前更好地匹配。电池的容量和自放电率必须精确匹配，因为不合格电池的废品率增加将使额外的电池预筛选和老化测试费用高昂。另一方面，只需要几年寿命的低成本可更换消费电子设备可能不需要电池均衡。

但一般来说，大多数锂电池系统都需要均衡；被动均衡是最常见的选择。如果某节电池相对于相邻单元有过高的 SOC（或者电压，但 SOC 是优先考虑的），将接通与电池并联的电阻消耗能量。被动均衡通常只在充电期间进行，因为放电期间均衡浪费能量。被动均衡比主动均衡更便宜；但缺点是它将未使用的能量留在健康的电池中。当电池充满电后，在放电期间，具有低容量和/或高内阻的弱电池将首先达到放电截止电压，导致整个电池组放电结束，还没有达到截止电压的电池将会有闲置的剩余能量。相比功率型应用，这种闲置能量显然会对能量型应用产生更大影响。相反，主动均衡在充放电过程中可以将能量从强电池转移给弱电池。对于电池容量不匹配的系统，所有电池能量都可以被利用，以减小低效率造成的损失。

在电池厂里，锂电池可以很好地匹配，电池组中仅 1% ~2% 的容量不匹配。即使是这样的高匹配度，电池的不一致也会在循环中逐渐增大，图 7.8 给出了电池不一致的极端情况。仿真中，寿命开始时电池的不匹配度在 ±1.2% 以内，每年高行驶里程的循环导致大型电动车电池组中心的电池比外部的电池发热更明显。10 年后，性能最强的电池比最弱的电池容量多 14%。第 10 年时，电池组内的温度梯度使得电池不均衡度增长近一半，而另一半由电池内老化过程的不一致引起。在第 10 年，如图 7.8 中所示系统剩余 76% 的寿命开始容量（采用主动均衡），或者 65% 的寿命开始容量（采用被动均衡），因为被动均衡受到最弱电池的限制。

仿真得到的电池不一致程度因应用场景而异。例如，小于 BEV75 的电池组或热管理更好的电池组温度梯度会相对小，循环后会使容量不均衡度更小。

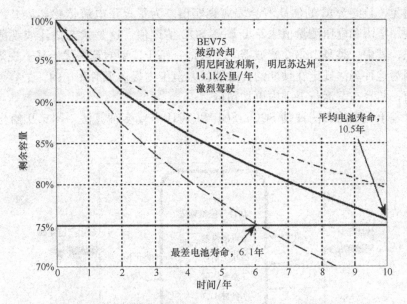

图 7.8   电池组寿命依赖于电池老化分布和均衡系统
（通过主动均衡，平均电池老化程度决定了电池组寿命；通过被动平衡，
最弱电池老化程度决定了电池组寿命）[5]

第 10 年时电池内闲置能量是否会造成影响取决于应用场景。在第 1~3 年，闲置能量要少得多。因此，对于寿命较短的消费设备而言，主动均衡的价值并不大，但对于持续 5~20 年的长期投资来说，可能是值得的。此外，图 7.8 所示的不均衡增长幅度很大程度上取决于电池质量、寿命初期匹配度和整个电池组的热梯度。较热的电池通常老化最快，但如果电池组经常遇到低温操作（尤其是充电），温度最低的电池老化最快也是可能的。有关电池不均衡度扩大的更多信息，请参见文献 [7]。

7.4.4   状态估算

选择必要的估算算法通过采集电流、电压和温度来推断电池荷电状态（SOC）、功率状态（SOP）以及健康状态（SOH）[31]。算法可以是基于规则的，也可以是基于模型的。例如，基于规则的算法可以在电池静止且端电压等于开路电压 $V = V_{OC}$ 时，使用 $SOC = f(V_{OC})$ 的查找表格来估计初始 SOC。但在充放电过程中，$V = V_{OC}$ 不成立，算法可能会改为采用库仑计数计算：

$$\mathrm{SOC}(t) = \int_0^t \frac{-I(t)}{Q} \mathrm{d}t + \mathrm{SOC}_0 \tag{7.3}$$

式中，Q 为电池容量；SOC_0 为初始 SOC 估计值。

$I(t) < 0$ 表示电池放电，但库仑计数的问题是，由于电流传感器的测量误差

不可避免，最终 SOC 的估计值会偏离真实值。为了校正电流传感器误差，最好同时使用电流和电压测量值来不断调整 SOC 估计值。这是状态估计或观测后面的理论，其中一类是卡尔曼滤波器。一般地，基于模型的算法优于基于规则的算法，因为这种算法规定在预期的传感器误差范围内提供平滑变化的、最有可能的估计值，并且在宽运行范围内更加精确。

以基于模型的方法评估 SOC、SOP 和 SOH 需要多种算法。图 7.9 给出了一组算法。

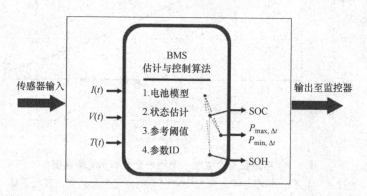

图 7.9 SOx 估算的模型和算法（x = 荷电状态，功率状态，健康状态）

（1）通过参考模型来预测电池电流/电压动态，并将它们与系统内部状态联系起来。图 7.9 中的其他算法都采用电池参考模型，模型越精确，状态估计就越准确。

（2）状态估计器或监控器利用参考模型以预测-校正方式逐渐收敛模型状态估计值，其中之一是 SOC。（递归算法是计算模型状态量的另一种方法。）

（3）对于限值计算，参考调节器将参考模型倒置，以找出不违反电池限值（通常是最小和最大电压限值）的允许电流或功率水平。这些电流/功率限值上传监控器以控制负载。（也可以采用模型预测控制算法计算限值。）

（4）电池的健康状态可以通过缓慢自适应调整参数来推断，即参考模型中的内阻和容量。在线参数识别算法包括递归算法[8]和/或状态估计量的累加，共同估算模型状态和参数[9]，这里不做讨论。参数估计（约几个月）应比状态估计（约几秒）慢几个数量级，以避免两个估计值之间的不稳定性。

上述估算包括线性和非线性两种形式。本节采用线性模型和估算器叙述了基本概念，这样线性算法可以很容易地扩展到更精确的非线性算法。

7.4.5 电池参考模型

电池参考模型通常采用模拟电池电流/电压动态的等效电路模型的形式，如图 7.10 所示。电路模型的缺点是 SOC 是模型内部唯一的电化学状态。模型的电阻/电容状态不会描述电池内部过程，但对于预测电池端电压与电压限值的接近程度是有用的。足够快速精确的电化学模型正在开发中[10-13]，以便在线应用。对于大多数状态估计算法，参考模型应该是状态变量的形式，连续时间线性状态变量模型采用以下形式：

$$\dot{x}(t) = Ax(t) + Bu(t) \tag{7.4}$$

$$y(t) = Cx(t) + Du(t) + y_0 \tag{7.5}$$

式（7.4）称为状态方程，而式（7.5）称为输出方程。x 是模型状态向量，y 是模型输出向量，u 是模型输入向量。

为了保证算法的稳定性，该模型必须严格适用。这就要求电流作为模型输入，$u(t) = I(t)$；电压作为模型输出，$y(t) = V(t)$。反向构建模型在控制理论中是不合适的。图 7.10 定义了典型等效电路模型的模型矩阵 A、B、C、D、y_0。为了方便计算，可以设计矩阵成对角结构，这样，模型的特征值直接出现在对角线上，如图 7.10 中的 $[0, \lambda_1, \lambda_2]$。这有助于稳定性分析，并简化了常微分方程与时间的积分和/或从连续时间到离散时间的转换。模型可以观测状态的必要条件是矩阵只能包含一个等于零的特征值，此自由积分项与 SOC 有关。库仑计数方程式（7.3）是一个特征值为零的自由积分项。有时需要巧妙地操作以便模型的其他状态都具有负的实际特征值，这样，如果电池处于静止状态，它们的状态就会收敛到零。电池的动态被扩散和反应过程控制的情况下，电池模型的特征值没有虚（振荡）的部分，它们是纯实数，数值小于或等于零。

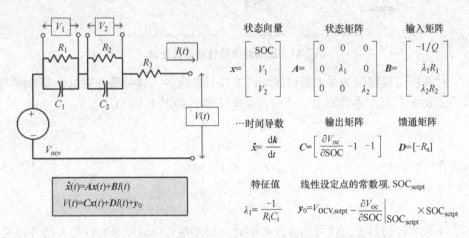

图 7.10　电池等效电路的连续时间线性状态变量模型

7.4.6　状态估计

如图 7.11 所示，状态估计利用反馈控制原理，在每一时刻，对模型状态方程做一次小的修正，这种校正与模型预测电压和实际测量电压之间的误差成正比。带"^"的变量（例如 $\hat{x}$）表示估计量，为了分析收敛条件，将测量电压减去模型电压乘以增益代入状态方程，得

$$\dot{\hat{x}} = A\hat{x} + Bu + L(y - C\hat{x} + Du + y_0) \tag{7.6}$$

收集 $\hat{x}$ 的项，发现在方程中有估计量的系统特征值是矩阵 $A - LC$ 的特征值。为了使估计量稳定并收敛，这些特征值必须都小于零。由于电池模型的 A 矩阵以对角形式表示，C 矩阵是行向量，因此很容易找到满足这一条件的对角 L 矩阵。如采用基于状态估计的反馈控制，控制稳定性的方法是将估计和控制功能的时间尺度分开一个数量级。控制中的一般做法是使估计特征值小于控制器特征值；但考虑到电池内部状态不易监测，因此相反地，缓慢调整状态估计值，并在快速控制限值上适当增加安全裕量，以预留估计误差。

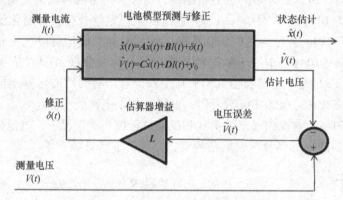

图 7.11　连续时间线性状态估计量

对系统可观测性的要求是可观测性矩阵具有满秩。这一条件对电池参考模型提出了要求，即 A 矩阵只有一个特征值等于零，如图 7.10 所示。

$$O = \begin{bmatrix} C \\ CA \\ CA^2 \\ \vdots \\ CA^{n-1} \end{bmatrix} \tag{7.7}$$

在数字控制器上，状态估计以离散时间而不是连续时间来实现的。估计器基于传感器在 k 时刻的测量和计算进行操作，并在 $k + 1$ 时刻更新操作的状态。首先计算输出方程，然后更新状态方程。

$$\hat{y}(k) = C^d\hat{x}(k) + D^d u(k) + y_0 \tag{7.8}$$

$$\dot{\hat{x}}(k+1) = A^d\hat{x}(k) + B^d u(t) + L^d(y(k) - \hat{y}(k)) \tag{7.9}$$

离散时间模型不同于连续模型，其状态和输出方程使用的矩阵不同。矩阵可以通过零阶保持、Tustin 或任何其他数字控制方法从连续时间转换为离散时间。在连续时间模型的 A 矩阵为对角形式的情况下，可以使用连续时间常微分方程的精确解，并且对于时间步长或采样时间 T_s 从连续到离散的变换，可以简单地表示为

$$A^d = \exp(AT_s) \tag{7.10}$$

$$B^d = A^{-1}\left[\exp(AT_s) - I\right]B$$

$$= \left[\begin{array}{cccc} T_s & \dfrac{1}{\lambda_1}(^{\lambda_1 T_s} - 1) & & \dfrac{1}{\lambda_{n-1}}(^{\lambda_{n-1}T_s} - 1) \end{array}\right] \tag{7.11}$$

$$C^d = C \tag{7.12}$$

$$D^d = D \tag{7.13}$$

离散时间状态估计器收敛的条件是矩阵 $A^d - L^d C^d$ 的特征值包含在实部与虚部的单位圆内，或者换句话说，复数的绝对值特征值必须小于 1。

在图 7.10 中，电池模型呈现为简单的线性模型。实际上，电池是一个非线性系统。在控制理论中，即使对于非线性系统，使用线性控制技术也是非常普遍的，尽管不能保证稳定性，且必须进行彻底的测试。为了捕捉系统的非线性，电池模型的 A、B、C、D、y_0 矩阵可以当作系统已知的非线性函数，通常是温度和 SOC，在这种形式下，模型被称为线性变参数（LPV）系统。在文献［32］中，有许多关于 LPV 系统的参考文献。对于离散时间的实现，在每个时刻利用式（7.10）~式（7.13），可以使连续时间 LPV 矩阵转换为离散时间。

控制和估计理论为本节介绍的简单线性状态估计算法提供了许多扩展和延伸。这些在表 7.1 中进行了总结，其中，无损卡尔曼滤波可能是最受欢迎的电池估计方法[9,14]。与扩展卡尔曼滤波相比，该方法能较好地处理非线性问题，计算速度快、稳态误差小。

表 7.1 状态估计算法概述

算 法	线性或非线性系统	假定的传感器和模型系统噪声	解 释
状态估计	线性	N/A	式（7.8）和式（7.9）
卡尔曼滤波	线性	高斯的	基于传感器噪声和模型误差假设水平的增益矩阵 L 的调谐方法。
扩展卡尔曼滤波	非线性	高斯的	将线性 Kalman 滤波器推广到非线性系统中，使用模型在当前状态估计下的线性化，从而在每个时间步提供增益矩阵 L 的更新。

161

（续）

算　法	线性或非线性系统	假定的传感器和模型系统噪声	解　释
无损卡尔曼滤波	非线性	混合的	当前状态估计值在强非线性区域中相距太远的情况下，可在当前状态的几个可能值处对模型进行采样，而不是依赖当前状态估计值的线性化，从而提供更可靠的估计值。
粒子卡尔曼滤波	非线性	非高斯的	以多个可能的状态量对模型进行采样，从而确定最可能的值。计算成本高，但使用简单的参考模型即可实现。

7.4.7　电流/功率限值计算

BMS 的功能之一是报告电池的可用充电/放电功率。根据控制的时间尺度，可能需要几种可用功率的值来满足监控器的要求。可用功率可以分为①瞬时功率限值；②未来 $\Delta t(s)$ 内可用的脉冲功率限值；③连续限值。关于③，如果能量是制约因素，则可以基于可用能量除以所需的充电或放电时间来计算连续限值。如果高温是制约因素，则连续功率值可能会受热管理系统调节电池产热量（功率的函数）能力的限制。

瞬时和脉冲功率限值的预测需要模型来估计未来可用功率的多少而不会达到电池内部或外部限值（例如最大/最小电压限值）。对于脉冲功率，这是延伸到未来的某个预设的时间范围。例如在车辆中，功率限制可能仅持续 2s 以适应再生制动期间的充电电流脉冲，也可能持续 10s 以适应车辆加速所需的放电功率。

引入一种简单的参考调节器方法来估算限值，使用电池的状态变量模型和车载系统状态估计算法，每种方法都在前面讨论过。参考调节器将当前状态下的模型反转，以找到未来达到约束限值 $\Delta t(s)$ 的极限电流（模型输入）。该算法依赖于电池在短时间内的（近似）线性行为。由于电流而非功率是图 7.10 中的模型输入，因此根据电流计算限值。可以通过将充电/放电电流限值乘以最大/最小电池端电压来近似功率限值。如果这些线性假设过于严格，则模型预测控制（MPC）提供了一种计算限值的方法。

参考调节器试图在模型输出中强制执行一般约束，$y_{\min} < y(t) < y_{\max}$ 并且为监控器计算输入限值，这样 $u(t) = I(t)$，使得在未来某些 Δt 处 $y(\Delta t) = y_{\lim}$，约束条件通常是最小和最大电池端电压。反转模型，发现极限电流为

$$I_{\min/\max, \Delta t} = [CA^*B + D]^{-1}\{(y_{\lim} - y_0) - Ce^{A(\Delta t)}\hat{x}\} \tag{7.14}$$

而

$$A^* = \left[\Delta \quad \frac{1}{\lambda_1}(\lambda_1^{(\Delta t)} - 1) \quad \frac{1}{\lambda_{n-1}}(\lambda_{n-1}^{(\Delta t)} - 1) \right] \tag{7.15}$$

式（7.14）和式（7.15）中，假定 A 矩阵是对角型矩阵。

作为最后的考虑，BMS 和/或监控器可能需要降低功率限值，以达到可接受的循环寿命。通常，电池冷却系统是一个限制因子，但不是电化学限制，无法将电池持续冷却到长寿命所需的可接受温度。

7.5　设计流程

复杂系统的设计过程必须仔细管理，以协调多个团队和专业领域的工作。如图 7.12 所示的"V"设计周期[15]，为设计过程的各个阶段提供了逻辑顺序。设计阶段从左到右进行，系统等大多数复杂项目都显示在顶部，底部显示的是不太复杂的项目如组件。该过程从"V"的左上角开始，第一阶段是系统的业务分析和需求定义；然后是若干需求以及子系统和组件的设计。一旦单个组件（传感器、电气/热控制、包装等）开发就绪，就可以在"V"的右侧集成并作为子系统进行测试，最终组成系统。

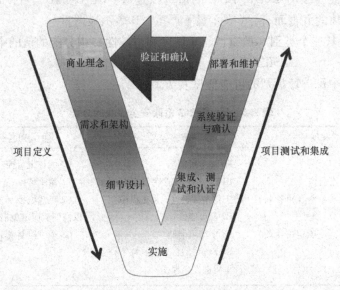

图 7.12　"V"设计周期[15]

进行验证测试以确保每个组件和系统满足其规定的要求。进行验证测试以评估整个系统在满足其原始目标方面的有效性。电池寿命测试是一项特别耗时的工作，在新产品投入使用之前需要 6~24 个月的测试时间。对于新兴技术，作为商业计划示范阶段的一部分，可能需要快速部署有限数量的样机单元。在做出大规模部署的最终决策之前，可以对示范单元的性能和可靠性进行一年或更长时间的跟踪。鉴于数据遥测和存储的成本较低，最好能够跟踪储能系统性能到单体电池，以便评估单体电池的过早失效或相关问题。

7.6　设计标准

应用储能的成熟工业已经建立了设计标准，包括消费电子、航空航天和汽车行业。这些设计标准提供了评估方法，用于评估硬件、软件或系统可能出现故障的安全级别，通常定义了最新的技术状态。如果系统未能达到最新技术水平，制造商将在发生事故时承担责任。

汽车领域的一个典型标准是 ISO 26262，即道路车辆电气系统功能安全标准[16]，该标准解决了电子和电气系统故障可能造成的危险。ISO 26262 在整个汽车行业中得到认可，为电气系统（例如线控油门系统和电池组系统）定义了所谓的"先进技术水平"。ISO 26262 的基本内容取决于为给定的危险事件分配汽车安全完整性等级（ASIL），ASIL 的值可以是 A、B、C 或 D，对使用者和任何其他暴露个体的危害而言，A 表示最不严重，D 表示最严重。

ASIL 是从三个类别（严重性、暴露度和可控性）中分配的值的乘积，即

$$ASIL = Severity \times Exposure \times Controllability$$

这三类中每一种类别的可能值见表 7.2。

表 7.2　ISO 26262 危险安全等级的分类

严重程度	暴露程度	可控性
S0 没有损伤	E0 极不可能	C0 大体上可控
S1 轻度到中度损伤	E1 非常低可能性（仅在罕见	C1 简单可控
S2 严重到危及生命（可挽救）	的工作条件下可能发生损伤）	C2 正常可控（多数驾驶员可
损伤	E2 低可能性	以做到从而避免损伤）
S3 危及生命（不确定可挽救）	E3 中等可能性	C3 难以控制或不可控
到致命损伤	E4 高可能性（在多数工作条	
	件下可能发生损伤）	

注：来源为文献［16］。

最严重的危险等级 ASIL D 是由每一类别的最差分类组合而成的：

$$ASIL\ D = (S3) \times (E4) \times (C3)$$

如果减少了任何一个类别，那么 ASIL 将降低一个级别。例如，如果 C3 减为 C2，则危险等级变为 ASIL C。在 ASIL A，不存在安全问题，只应用标准质量管理过程。

ISO 26262 考虑了整个产品生命周期，从开发、运行到寿命终止退役。请注意，ISO 26262 不适用于电击、易燃、短路或热滥用事件。相关标准见第 5 章，涉及滥用的多个安全标准采用了欧式危险等级，文献 [17] 中进行了总结。

7.7　案例研究 1：车用电池设计

在本案例研究中，重点介绍车辆系统设计人员的一些设计上的权衡考虑，其目标是以最低成本满足电池性能和寿命要求。为了探索这些权衡因素，首先建立电池寿命预测模型，并将模型参数回归到单体级的实验老化数据集，寿命模型捕捉锂离子电池的主要老化特征。温度是最重要的老化应力因素，鉴于其重要性，本案例提供了简单的模型来预测不同环境和热管理策略下的电池温度。最后，探讨了 PHEV40 电池的使用寿命，包括多种温度、剩余能量大小以及充电控制策略。

7.7.1　寿命预测模型

使用第 4 章中介绍的方法，半经验寿命模型适用于基于石墨/NCA 锂离子的文献中的老化数据。对于 NCA 锂离子的化学成分，在数据中观察到的主要老化特征是：

（1）SEI 的增长与时间的平方根成正比，在高温 T 和开路电压 V_{OC} 下加速。

（2）随着循环失去活性位点，深 DOD 下加速。

（3）正极电解质氧化，高 T 和 V_{OC} 下加速。

另外，我们注意到石墨/NMC 的化学成分也可以观察到类似的老化行为。对于石墨/FeP 化学成分，由于 FeP 正极的工作电压较低，电解质氧化可以忽略不计。

寿命模型假设电池内阻增加是由于日历机制和循环驱动机制的显著增加导致的

$$R = a_0 + a_1 t_{\text{life}}^{1/2} + a_2 N \tag{7.16}$$

假设电池容量是受可循环 Li 或活性位损失控制的：

$$Q_{\text{Li}} = b_0 - b_1 t_{\text{life}}^{1/2} \tag{7.17}$$

$$Q_{\text{sites}} = c_0 - c_2 N \tag{7.18}$$

而电池两端测得的容量值是 Li 容量 Q_{Li}，或活性位点容量 Q_{sites} 中较小值，即

$$Q = \min(Q_{\text{Li}}, Q_{\text{sites}}) \tag{7.19}$$

式（7.16）和式（7.18）中，变量 N 表示充电/放电循环次数。

对于简单的恒定电流循环，该定义是明确的；但是，该模型需要进行细微的修改以适应复杂的充电/放电循环曲线（例如在电动车辆中的经验）。根据疲劳测试的相关文献，雨流算法用于将复杂的放电深度时间历程 DOD（t_{cyc}）分解为独立的宏观和微观循环数组 ΔDOD_i。该算法还跟踪每个循环是充放电循环的完整周期还是单端充电或放电循环，将该信息存储在数组 N_i 中，为每个元素赋值，完整周期为 1.0，半周期为 0.5。Miner 法用于整合不同数量级循环的退化效应，通过这些假设，将式（7.16）和式（7.18）中的变量 N 替换为

$$N = \frac{\sum_i N_i}{\Delta t_{cyc}} t_{life} \tag{7.20}$$

式中，t_{cyc} 代表电池在某一寿命状态下的短时循环历程；t_{life} 代表电池在寿命周期内的内阻/容量健康状态的长期变化。

则寿命模型改写为

$$R = a_0 + a_1 t_{life}^{1/2} + a_2 t_{life} \tag{7.21}$$

$$Q_{Li} = b_0 - b_1 t_{life}^{1/2} \tag{7.22}$$

$$Q_{sites} = c_0 - c_2 t_{life} \tag{7.23}$$

$$Q = \min(Q_{Li}, Q_{sites}) \tag{7.24}$$

在模型中，t_{cyc} 是性能模型的时间步长（例如，在图 7.10 中简单地列为"t"，通常以秒为单位，表示电池在某一寿命状态下的循环或存储的单位周期）。相比之下，t_{life} 是寿命模型的时间步长，以天、月或年为单位，代表寿命状态的变化。

劣化率常数 $k_i = \{a_1, a_2, b_1, c_2\}$ 取决于老化条件。它们既可以直接从一个老化条件的数据中获取，插入几种老化条件的数据集之间，或者按照之前的工作[4]，映射为速率定律，该定律是电池已知限制因素的函数。忽略高倍率和低温操作，NCA 的劣化率在功能上依赖于 T、V_{oc} 和 DOD，如下所示：

$$a_1 = \frac{a_{1,ref}}{\Delta t_{cyc}} \int_{t_{cyc}} \exp\left[-\frac{E_{a,a_1}}{R_{ug}}\left(\frac{1}{T(t)} - \frac{1}{T_{ref}}\right)\right] \times \exp\left[\frac{\alpha_{a_1} F}{R_{ug}}\left(\frac{V_{oc}(t)}{T(t)} - \frac{V_{ref}}{T_{ref}}\right)\right] \times$$
$$\left[\left(1 + \frac{\max(\Delta DOD_i)}{\Delta DOD_{ref}}\right)^{\beta_{a_1}}\right] dt \tag{7.25}$$

$$a_2 = \frac{a_{2,ref}}{\Delta t_{cyc}} \int_{t_{cyc}} \exp\left[-\frac{E_{a,a_2}}{R_{ug}}\left(\frac{1}{T(t)} - \frac{1}{T_{ref}}\right)\right] \times \exp\left[\frac{\alpha_{a_2} F}{R_{ug}}\left(\frac{V_{oc}(t)}{T(t)} - \frac{V_{ref}}{T_{ref}}\right)\right] dt \times$$
$$\sum_i \left[N_i \left(\frac{\Delta DOD_i}{\Delta DOD_{ref}}\right)^{\beta_{a_2}}\right] \tag{7.26}$$

$$b_1 = \frac{b_{1,ref}}{\Delta t_{cyc}} \int_{t_{cyc}} \exp\left[-\frac{E_{a,b_1}}{R_{ug}}\left(\frac{1}{T(t)} - \frac{1}{T_{ref}}\right)\right] \times \exp\left[\frac{\alpha_{b_1} F}{R_{ug}}\left(\frac{V_{oc}(t)}{T(t)} - \frac{V_{ref}}{T_{ref}}\right)\right] \times$$

$$\Big[\Big(1 + \frac{\max(\Delta DOD_i)}{\Delta DOD_{ref}}\Big)^{\beta_{b_1}}\Big]dt \tag{7.27}$$

$$c_2 = \frac{c_{2,ref}}{\Delta t_{cyc}}\int_{t_{cyc}} \exp\Big[-\frac{E_{a,c_2}}{R_{ug}}\Big(\frac{1}{T(t)} - \frac{1}{T_{ref}}\Big)\Big] \times \exp\Big[\frac{\alpha_{c_2}F}{R_{ug}}\Big(\frac{V_{oc}(t)}{T(t)} - \frac{V_{ref}}{T_{ref}}\Big)\Big]dt \times$$

$$\sum_i N_i\Big[\Big(\frac{\Delta DOD_i}{\Delta DOD_{ref}}\Big)^{\beta_{c_2}}\Big] \tag{7.28}$$

式（7.25）~（7.28）中，E_a，α，β，$k_{i,ref}$是拟合参数；R_{ug}是通用气体常数；F是法拉第常数，$T_{ref} = 298.15K$，$V_{ref} = 3.6V$，和 $\Delta DOD_{ref} = 1$是为了方便对比$k_{i,ref}$和标准老化条件而设置的任意常数。

针对典型的工况循环周期 Δt_{cyc}计算劣化率。鉴于锂离子化学成分日历老化的显著性，重要的是典型的工况循环不仅包括循环周期，还包括静置周期（例如电动车停放时的夜间）。退化率应针对可重复的老化时间单位进行计算，一种比较好的做法是用一整天或一整周的数据来表示 t_{cyc}。

7.7.2　根据电池老化数据拟合寿命参数

式（7.21）~式（7.28）构成寿命模型。可能需要进行修改以匹配其他电池和/或化学物质的老化行为。该模型有 19 个拟合参数：

$$p = \{a_0, b_0, c_0, a_{1,ref}, a_{2,ref}, b_{1,ref}, c_{2,ref}, E_{a,a_1}, E_{a,a_2}, E_{a,b_1}, E_{a,c_2},$$

$$\alpha_{a,a_1}, \alpha_{a,a_2}, \alpha_{a,b_1}, \alpha_{a,c_2}, \beta_{a,a_1}, \beta_{a,a_2}, \beta_{a,b_1}, \beta_{a,c_2}\}$$

这里给出了模型拟合过程的简单示例，使用的 NCA 电池老化数据并非所有相同电池都采用；因此，后面介绍的老化模型结果旨在说明设计权衡，而并非特定电池或车辆电池所采用的设计。

图 7.13a 所示是方程示例，$R = a_0 + a_1 t_{life}^{1/2}$，分别对应 20℃、40℃、60℃ 和50%、100%SOC 条件下的单独储存老化试验结果[18]。将这些个体拟合称为局部模型，因为它们各自只代表一种老化条件。由于六个电池的制造差异，系数 a_0的值略有不同，在寿命开始处具有明显 ±2% 的电阻差异。相比之下，退化率 a_1随温度和 SOC 变化幅度超过一个数量级。图 7.13b 中给出了六种局部模型的 a_1值与温度倒数的关系。退化定律的存储项（见式（7.25）），其中 $\Delta DOD_i = 0$，可与这六种老化条件相匹配，在 $E_{a,a1} = 70,700J/(mol \cdot K)$ 和 $\alpha_{a1} = 0.062$ 时达到最佳拟合。图 7.13 中未显示，式（7.25）与循环 ΔDOD 项的耦合较弱，表明取 $\beta_a = 1$ 对于式（7.25）是合理的。相反地，通过利用内阻增长模型式（7.21）的a_2 项来确定依赖于循环的内阻增长情况。

图 7.14a 展示了局部模型拟合方程 $R = 1 + a_1(T, V_{oc})t_{life}^{1/2} + a_2 t^{life}$时得到的 a_2值，适用于不同 DODs、EOCVs 和每天循环的老化条件[19]。在拟合退化定律式（7.26）时，基于 $SOC(t)$ 估计开路电压的时间历程 $V_{oc}(t)$，因为它在不同的

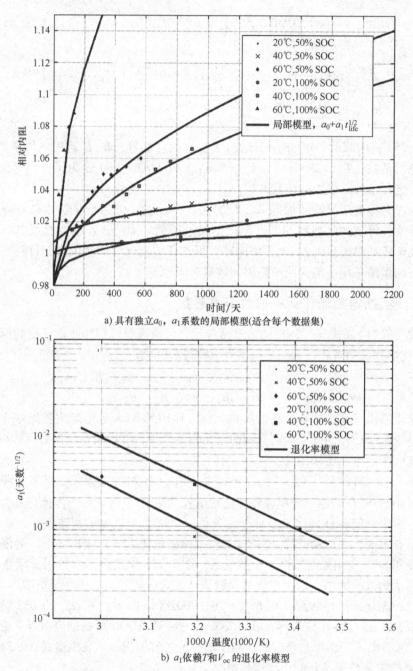

a) 具有独立a_0，a_1系数的局部模型(适合每个数据集)

b) a_1依赖T和V_{oc}的退化率模型

图 7.13 多种温度和 SOC 条件下储存期间的内阻增长[18] （来源：NREL/Smith[11]）

循环条件下变化很大。尤其是每天循环一次的电池，在日常循环中长时间处于高 SOC（也就是高 V_{oc} 值）。相比之下，每天四个循环的测试不会在高 SOC 下长时间停留。a_2 拟合的退化率定律如图 7.14b 中的实线所示，式（7.26）中 $E_{a,a_2} = 35000\mathrm{J}/(\mathrm{mol} \cdot \mathrm{K})$，$\alpha_{a2} = 0.056$，$\beta_{a2} = 2.17$。图 7.14b 利用式（7.21）、式（7.25）和式（7.26）将内阻增长的最终全局模型与所有老化条件进行了比较。

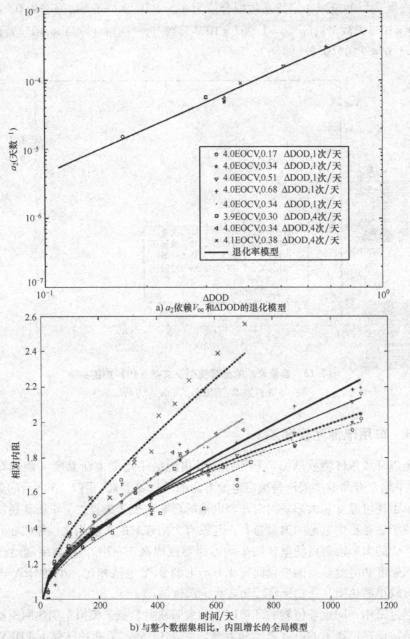

a) a_2 依赖 V_{oc} 和 ΔDOD 的退化模型

b) 与整个数据集相比，内阻增长的全局模型

图 7.14　多种循环条件下，20℃环境的内阻增长情况[19]（来源：NREL/Smith[11]）

容量衰减模型可以用描述内阻增长类似的方式进行回归，图 7.15 显示了容量衰减的全局模型的结果。1 循环/天的情况受日历衰减/Li 损失（式（7.22））制约，而 4 循环/天的大多数情况受循环衰减/位置损失（式（7.23））制约。复现数据集[19,22]的衰减率定律系数拟合值为 $a_0 = 1.0$，$b_0 = 1.04$，$c_0 = 1.0$，$a_{1,\text{ref}} = 1.123 \times 10^{-3}$ 天数$^{-1/2}$，$a_{2,\text{ref}} = 1.967 \times 10^{-4}$ 天数$^{-1}$，$b_{1,\text{ref}} = 1.794 \times 10^{-4}$ 天数$^{-1/2}$，$c_{1,\text{ref}} = 1.074 \times 10^{-4}$ 天数$^{-1}$。

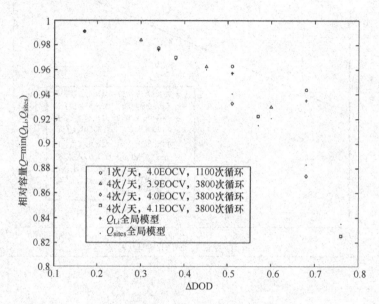

图 7.15　容量衰减的全局模型及文献［19］中的数据
（资料来源：NREL/Smith［11］）

7.7.3　车用电池温度预测

地理环境条件将强烈影响运行在室外电池的平均全寿命温度（例如车辆电池），平均全寿命温度或许是决定电池寿命的最重要因素。图 7.16 所示的热网模型展示了环境温度和太阳辐射对车辆电池的影响。表 7.3 提供了丰田普锐斯的客舱和位于后备箱中电池的典型参数，与没有太阳辐射的车辆相比，停放在充足阳光下车辆的太阳辐射可使电池的平均寿命温度提高 1 ~ 3℃，该数字随地理位置的太阳强度和电池热质的变化而变化。与大型 BEV 电池相比，小型 HEV 电池由于具有较小的热质，在白天将经历较大的温度波动。

通过采用不同地理位置的环境温度和太阳辐射数据来模拟车辆热网模型，可以预测被动热传递下的电池温度和寿命。图 7.17 显示了两种气候下 PHEV 电池的容量衰减情况。在炎热的菲尼克斯（亚利桑那州），如果汽车持续停放在阳光

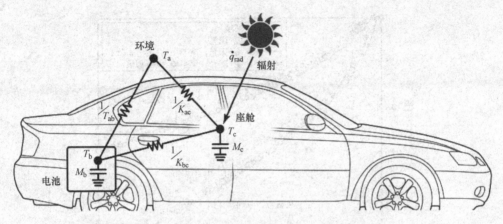

图 7.16　给定环境下预测电池温度的热网模型[20]

下，太阳辐射会使电池寿命缩短 20% 。该图还展示了用于近似给定环境温度波动的简化假设，被动热环境的一种比较好的近似是全年仅考虑四个环境温度，分别代表冬季、春季、夏季或秋季的平均温度。在汽车工业中，通常以这种方式进行加速四季老化测试，试验品在四个环境温度下循环。

表 7.3　丰田普锐斯的热网模型参数

	HEV	PHEV10	PHEV40	BEV75
	NiMH①	Li-ion②	Li-ion②	Li-ion②
M_b/(J/K)	36, 600	42, 970	146, 590	182, 000
K_{ab}/(W/K)	0.6498	0.4641	1.049	4.343
K_{ac}/(W/K)	22.6	22.6	22.6	22.6
K_{bc}/(W/K)	0.4663	0.3331	0.7527	3.468
M_c/(J/K)	101, 800	101, 800	101, 800	101, 800
εA_c/m²	0.77	0.77	0.77	0.77

注：来源文献 [20, 21]。

① 镍氢电池。参数取自一辆 2005 年丰田普锐斯混合动力汽车的测试数据。

② PHEV 和 BEV 电池组的热质和表面积较大，因此对参数进行了调整。

　　除了被动热环境模型外，不同主动热管理策略的影响如图 7.5 所示。这些仿真通过增加因循环而产生的电池热效应和由于主动热管理而产生的冷却效应，从而强化被动模型。这是通过在图 7.16 中为电池温度节点 T_b 引入产热量减去冷却项来实现的。图 7.5 中是在菲尼克斯（亚利桑那州），PHEV40 每年行驶 12000 英里条件下的结果。在这种热环境中，采用通过制冷系统调节冷却液来冷却电池的热管理策略与使用外部环境空气来冷却电池相比，可以延长电池寿命 40% 。

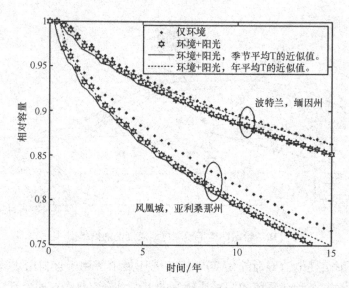

图 7.17　在美国炎热和寒冷的气候条件下，电池处于 90% 荷
电状态的停放车辆的容量衰退情况

假设电池成本为 300 美元/（kWh），与为了达到相同的寿命而过多的配置电池相比，这种冷冻液热管理的成本可能比超大的空冷电池高出 500 美元，并且仍然要算入自身成本。

7.7.4　控制与寿命的权衡

除了确定热管理策略和要求之外，系统设计者还需要考虑的其他问题包括电池需要有多少剩余能量，以及如何在最终用户可以接受的自由度内最佳地控制电池。车辆电池的典型寿命预期大约为 10 年（100～150）k 英里，容量损失为 20%～30%。

举一个简单的例子，一辆全部电驱动行驶 40 英里的 PHEV，如果车辆平均能耗 285Wh/英里，则驱动 PHEV 行驶 40 英里需要 11.4kWh 的可用能量。假设如下：

● 这种简化的寿命分析假设所有驱动都发生在电荷耗尽模式下，这是最坏的情况。

● 典型的美国司机每年行驶约 12，500 英里。按照这个年度里程数，电池将平均每年行驶 12.5k 英里/年除以每年 365 天，除以 40 英里/天，或每天 0.856 个循环。

● 在高 SOC 下运行的时间缩短了电池寿命。对于 SOC 时间分布图，假设车辆在电池完全充电即 $SOC = SOC_{max}$ 时开始运行。在上午 8 点行驶 20 英里，电池消耗至 SOC = SOC_{max} − ΔDOD/2。在下午 5 点再行驶 20 英里，电池消耗至 SOC = SOC_{max} − ΔDOD。正常情况下，电池在晚上 10 点至午夜之间充电至 SOC = SOC_{max}，并一直持续到第二天早上开车。

• 将 SOC 最低允许限值设定为 10%，因为电池低于此水平将无法提供车辆加速所需的足够功率。当剩余总容量降至 70% 以下或电池在不低于 10% SOC 时无法提供 PHEV40 标称的 70% - 11.4kWh 可用能量，即达到寿命终止。

图 7.18 给出了在 30℃ 平均寿命温度、95% SOC_{max} 和 12.5 英里/年的假设下，PHEV40 运行在不同 DOD 下的容量衰减与时间的关系。在 60% 的 ΔDOD 或 67% 的剩余能量下，电池可以使用 10 年。在 50% 的 ΔDOD 或 100% 剩余能量的情况下，电池可以使用 10.7 年，但是由于这种更加保守的设计而增加了额外冗余能量，电池成本增加 20%。

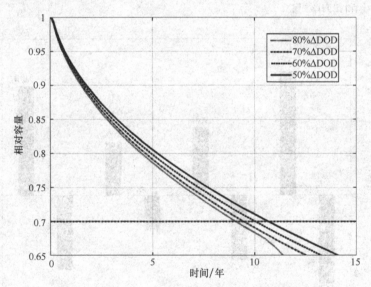

图 7.18　在 30℃、95% SOC_{max}、12.5 英里/年条件下，
放电深度对于 PHEV40 电池寿命的影响

以上这些结果与使用方式高度相关。对于 NCA 和其他锂离子电池，电池寿命取决于：

• 温度。
• 最大 SOC（或等效的 EOCV）。
• 在高 SOC 和高温组合下的运行时间。
• DOD 和循环次数。

图 7.19 给出了这些因素对寿命的敏感性分析，额定情况为 30℃、

95% SOC$_{max}$、60% ΔDOD 和充电延时 4 小时。若将额定的 30℃ 进行 +5℃ 和 −5℃ 扰动，会分别将额定 10 年寿命改变 −2.2 年和 +3.2 年。这里针对 PHEV40 研究的中温至暖温情况，寿命受控于日历限制（见式（7.22）），而不是循环限制（见式（7.23））。日历寿命模型式（7.22）对 DOD 的敏感性较弱，但对图 7.19 中包含的所有其他因素的敏感性较强。考虑到电池的成本、质量和体积都与可用 DOD 成反比，尽可能使可用 DOD 最大化是有意义的。对于 PHEV40，这意味着设计上应尽可能多地使用处于寿命初期的电池，并通过采用有效热管理、降低最大 SOC 和延迟充电的组合来补偿这种退化，这些都对寿命具有显著的益处（如图 7.19 所示）。特别是延迟充电（或限制充电倍率）几乎不需要做任何处理，且对延长日历寿命非常有效。限制最大 SOC 也无需任何成本，但是它限制了电池的可用能量。一种有效的寿命控制策略是在冬季增加 SOC$_{max}$，以补偿由于低温性能迟缓而导致的可用范围缩小。还可以在整个寿命周期中逐渐增加 SOC$_{max}$ 以恢复部分丢失的可用容量。

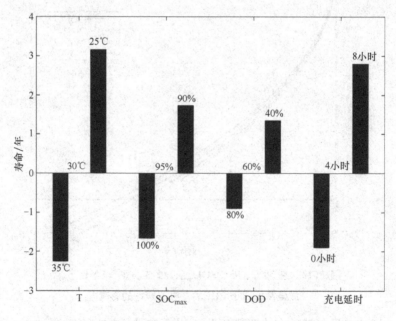

图 7.19　PHEV40 电池寿命对老化假设的敏感度

最后需要注意的是，本文探讨的 PHEV40 的设计通常每天只经历一次深度放电和充电循环。这是因为美国的司机平均每天仅行驶 33 英里。日历寿命制约整个系统寿命。对于 HEV 和 PHEV10 的设计，每天可能会遇到更多的循环，与本示例相比，可能需要限制可用 DOD，以确保电池循环寿命不会限制整个系统寿命。

7.8 案例研究2：大型公共事业客户的用户侧调峰

在本节研究中，调研了储能的应用，以便为具有大容量光伏场站的大型电力客户减少需量电费（即调峰）。终端用户的目标是在有限预算的情况下尽可能减少每月的基本电费。因此，目标是首先确定一组最符合客户目标的系统属性，然后定义一个技术规范，以引导电池、模块和整个系统的详细设计和验证。

7.8.1 终端用户的需求和约束

本案例的客户是 NREL，是一家研究和开发包括风能、太阳能等高效的可再生能源技术以及储能和许多其他课题的实验室。超过 2,000 名员工在其占地 327 英亩的科罗拉多的 Golden 的校园工作[25]。宽阔的校园及其工作性质为安装储能系统提供了许多可行的场所，因此物理尺寸和连接要求不是主要问题。作为固定式系统，冲击和振动的机械鲁棒性也很少受关注。但需要解决安全性问题，因为系统可能安装在工作职员附近，还必须解决热管理问题，因为系统可能安装在室外，而 Golden 的太阳辐照强度较高，可能导致电池温度过高，影响安全性和性能退化。然而，首要关注的是系统电气需求，须通过技术经济分析得出，以满足最终用户节约成本的主要目标。

7.8.2 终端用户负荷曲线与费率结构

正如其名，NREL 名副其实地拥有多个 LEED 评级建筑和 4，400kW 光伏发电场站[26]，因此，校园负荷曲线由光伏功率特性决定。图 7.20 和 7.21 分别展示了 30 天和 7 天的校园电力需求。在这里可以看出，需求历史中的峰值通常是由于光伏发电的间歇性。由于这些峰值的持续时间相对较短，因此负荷曲线似乎非常适合采用储能作为需量电费缓解工具，即可以利用少量储能大幅降低峰值功率。

假设表 7.4 中描述的电费费率结构适用，这样可以节省很多需量电费（如第 6 章所述）。请注意，此费率结构不包括需量费用或电费的时间依赖性，并且需量费用只随季节变化，而电费全年都在 0.0473 美元/（kWh）左右。因此，一旦每月的峰值负荷最小化，电池充放电进行的能量转移就没有附加值，从而可以简化控制。还要注意的是，与更积极的需量收费结构（例如第 6 章中提到的圣地亚哥燃气电力公司或南加州爱迪生公司的需量收费结构）相比，这些需量电费的节约空间较小。因此，可以期望类似的储能和设施组合能够在特定市场中产生更好的经济效益。

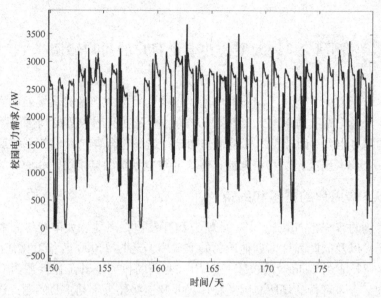

图 7.20   NREL 校园 30 天的 15 分钟间隔的负载数据

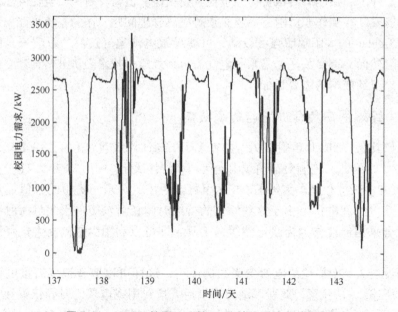

图 7.21   NREL 校园 7 天的 15 分钟间隔的负载数据

表 7.4   来自 XCEL 的 SG 费率结构的需量电费[27]

电　费	时　间	收　费	单　位
基础设施类	夏季（6 月~9 月）	15.80	美元/W
需量电费	冬季（10 月~5 月）	12.84	美元/W

1. 初步技术经济规模分析

利用负荷曲线和电费费率结构，可以进行粗略地规模分析，以估计对该客户最经济的电池功率和能量水平。为此，使用 NREL 的电池寿命分析和模拟工具用于用户侧场景（BLAST-BTM Lite），它将简化的储能模型（kWh 计费）与优化的调峰控制器结合，应用于用户提供的负荷曲线和电费费率结构，然后特定储能单元计算电响应和费用节约情况。

BLAST-BTM Lite 缺乏保真度，但它提高了计算效率，因此非常适合对此处所需的各种储能方式进行初步调研。有了这个工具，可以快速模拟 42 个不同的储能单元，涵盖 7 种不同的能量水平和 6 种不同的功率能量比。请注意，这种采用全因子方法的研究，最好使用功率能量比，而不是直接指定电池功率和能量水平。当寻求广泛的参数范围时（例如异常高倍率系统），后一种方法可能会出现不切实际的系统。

仿真系统的年节省量如图 7.22 所示。显然，具有更高能量和更高功率的系统每年会节省更多电费，但是增加能量和功率都需要增加对电池和逆变器的资金投入。假设系统总成本与这两种组件的能量和功率水平大致成比例，分别为 $ 500/(kWh) 和 $ 500/kW（加性），可以简单地估计每个系统的投资回收期（估计的总系统成本除以计算的年节省量），如图 7.23 所示。

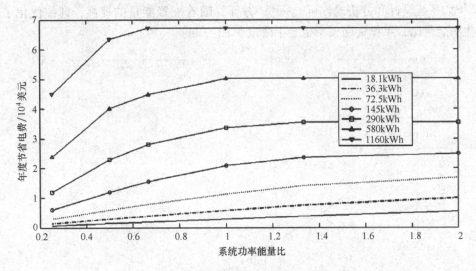

图 7.22 系统能量与功率能量比的函数的年度节约电费情况

虽然这种方法包含许多近似值，当然还需要对节省量和成本进行更严格的考虑，但它提供了有关系统功率和能量相互作用的有价值的研究，以确定这样一个系统的规模。显然，当配置少量的能量，且功率能量比较高时，投资回报率（最小投资回收期）最佳。然而，这也会使年度节约电费较少，可能无法证明该

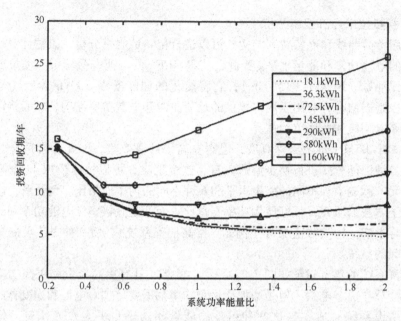

图 7.23　作为系统能量和功率能量比函数的简单投资回收期

项目的合理性，因为某些基础成本或固定成本并不随能量或功率而大幅增长（例如系统设计和分析或许可）。另一方面，随着配置能量的提高，即使优化了功率能量比，年投资回报率也会下降（见图 7.24）。

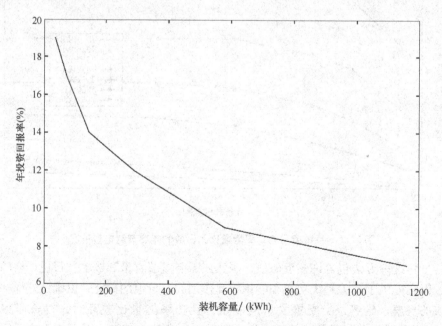

图 7.24　功率能量比优化后的年投资回报率

在预算限制的情况下，一种更好的方法是根据系统总成本来看年度节省量。在预算为 110000 美元的情况下，功率能量比为 2∶1 的 72.5kWh 系统，在年收入最大为 16000 美元/年、年投资回报率约为 14% 时是近乎最优的。

2. 电特性分析

在以任何有意义的方式探索电池的电响应特性之前，重要的是使仿真更加真实，尤其是努力改善电气模型、热模型和控制模型的特性，如下所述。为了实现这些改变，分析工具从 BLAST-BTM Lite 换为完整的 BLAST-BTM 软件。

电模型。将 kWh 计量模型升级为零阶等效电路模型。现阶段，还不需要高阶动态模型，但希望将 OCV 与 SOC 的关系包括在内，并增加一个对 SOC 和温度都敏感的电阻元件。通过这种方式，可以利用最低电池电压来观察热响应对可用能量的影响，并计算电池运行的产热量。

热模型。从完全忽略温度效应升级为系统的集总热容模型，该系统由电池、逆变器、集装箱体、土壤和环境节点组成，代表标准的 20 尺集装箱储能单元。假设电池和逆变器散发的热量扩散到集装箱中（集装箱与环境热连接）。再加上太阳辐射的影响，容器温度将远超过环境温度，这是很重要的影响因素。规定最高电池温度为 50℃，以便电池在超过此值时不再响应充电或放电指令。环境温度和太阳辐射历史参数通过科罗拉多 Golden 的典型气象年数据获取[28]。

控制模型。在前面的分析中，假设能够在每个月末完美预测未来负荷。但这不太可能实现，并且降低该预测的准确性和/或时间范围将显著影响电池循环行为和由此产生的节省量。为了展示更现实的预测结果，假设每天计算一次未来 48 小时的预测，并且每 15 分钟间隔的负荷预测在 +/-65kW（+/-2.5% 的平均年负荷）范围内有随机误差。之前的仿真也假设过，通过使用相同的控制和仿真模型，预测的电池响应与实际响应完美匹配。在这里，将保留简单的 kWh 计量方法来计算峰值负荷调节目标，与用于仿真的等效电路模型相比，这是一种保真度较低的模型。通过这种方式，解决预测和实际电池响应的差异。

辅助负载。这里假设 300W 的辅助负载代表控制和管理功能，还考虑了加热和冷却负荷的能力。

由于预测误差元素是随机的，因此必须对同一系统进行多次仿真。结果发现，每年的节省量在 12500~14500 美元之间波动，平均每年 13600 美元，这表示简化的仿真使预测值减少了约 15%。进一步探索发现，几乎所有这种减少都是由于预测误差的存在。

如图 7.25 所示，电循环工况也受到影响。根据完美预测假设，电池循环工况主要以整年中少量持续深度放电至目标 EOD SOC（20%）为主。然而，在更真实的仿真中，循环频次随着放电深度的变化而增加。有时该算法会过高地预测负荷，设置过于保守的负荷目标，从而导致峰值负荷减小，电池 DOD 小于目标。

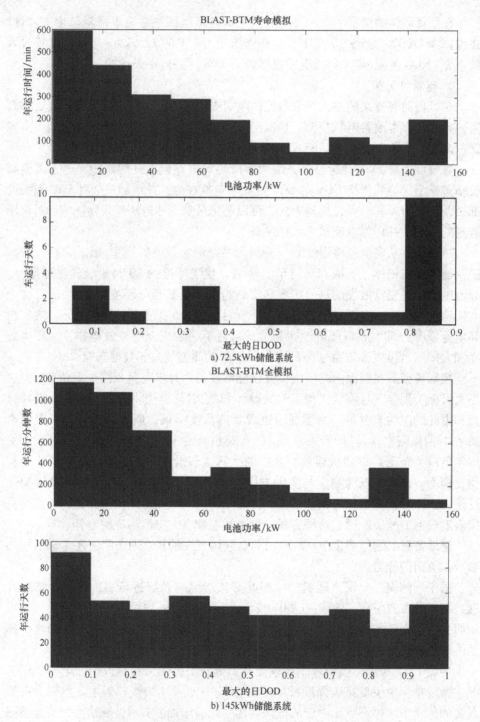

图7.25　在两种不同的仿真中，对 **72.5kWh**、**145kWh** 的储能系统的
年响应进行比较，使 NREL 园区的需量电费最小化

也有时低估了负荷，设置了过大的负荷目标，使电池放电超过目标 SOC（定义为希望电池在任何给定日期达到的最小 SOC）以试图完成该目标负荷。有时导致电池放电至 0% SOC 并且计量的负荷超过负荷目标。图 7.26 给出了这种情况的示例，如果用户设置了该月的最大负荷，则会导致用户成本增加。

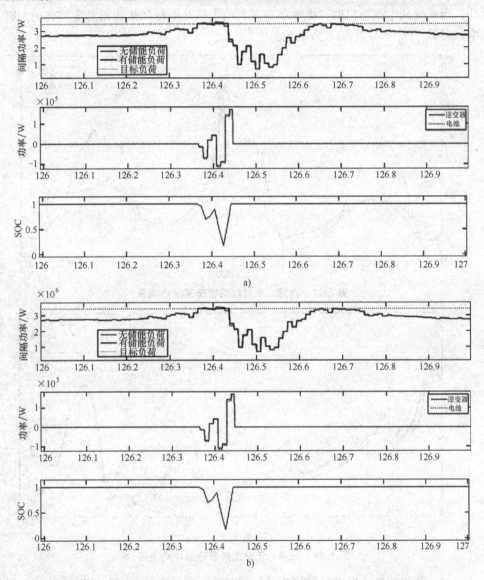

图 7.26 对电负荷预测不足，导致电池完全放电，负荷目标增加的算法示例

3. 热分析

在整年中，电池温度预计在 −18℃ ～ +47℃，平均温度为 11℃。环境温度、

181

集装箱温度和电池温度分别如图 7.27 和图 7.28 所示，分别为最高和最低温度天数。从这些数字可以看出几个重要因素：首先，由于暴露在太阳辐射下，集装箱温度会大大高于环境温度；其次，电池温度受集装箱温度波动的影响很小，因为电池的热质明显高于箱体的其他部分，并且集装箱与环境有很强的热连接；此外，当系统充电或放电时，电池和逆变器的发热对电池和集装箱温度都有很大影响（导致了图 7.27 中的最大电池温度）。

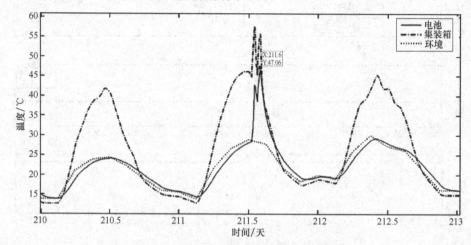

图 7.27　高温、无电池热管理系统热响应

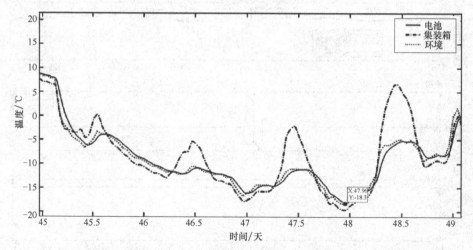

图 7.28　低温、无电池热管理系统热响应

这一预测的最高温度可能接近或高于某些锂离子电池的工作范围。对于非典型热期出现的情况，如校园负载引发更剧烈的电池循环，或者由于电池内阻的增加，未来几年发热增加，几乎不留任何余量。同样，尽管可能最低温度对性能的影响有限，但对于尚未评估的情况，这些同样的因素可能会放大温度的影响。出

于这些原因，应考虑对各种热管理策略的评估。

通过将太阳辐照度降低 50%（允许太阳辐射扩散）。这种方法在有阴影的地方，如停车结构或现有太阳能电池板下，几乎不会产生额外成本。然而，尽管这种方法对箱体温度有很大影响，但对最高或平均电池温度影响很小。如前所述，电池和逆变器产生的热量是最高温度的主要驱动因素。

同样，可以探索在集装箱中增加冷却系统，例如传统的空调装置。这种方法可能遇到与遮光方法类似的问题，即在箱体和电池之间没有很强的热衔接（可能需要大量增加体积），冷却箱体可能不会对电池温度产生很大影响。为了进行研究，模拟了一个集装箱空调系统，它能够从集装箱中获得 10kW 的热量，并将其以 2.5 的性能系数排放到环境中。当箱体温度超过 30℃ 时，平均和最大电池温度分别下降约 2℃ 和 4℃。最终，电池温度在待机状态下继续紧密跟随环境温度，而在工作状态下，产生的热量会继续驱动达到峰值温度。

或者，可以使用专用电池冷却系统，而不是集装箱冷却系统。这种系统采用直接通向电池的冷却液回路，以及用于冷却液散热的基于制冷剂的系统，如雪佛兰[29,30] 等高科技车辆上所采用的。对于系统，假设总排热能力只有集装箱空调装置的一半，但操作上相似，即性能系数为 2.5、排热量 5kW、在 30℃ 及以上启动。直接从电池中排出这些热量会导致最高电池温度会降低 10℃ 以上，以致电池温度低于 37℃，该系统的高温热响应示例如图 7.29 所示。请注意，即使当系统主动充电和放电时，如第 184 天晚些时候集装箱温度尖峰证实是由逆变器散热引发，冷却系统也能够将电池温度限制在 33℃ 以下。

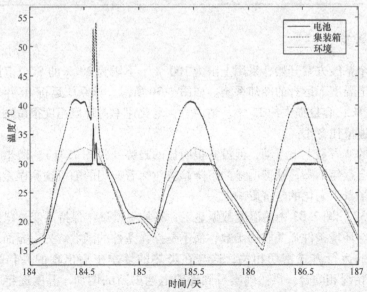

图 7.29　高温、直接电池冷却系统热响应

除了对电池温度的卓越控制之外，直接电池冷却系统消耗集装箱冷却系统一半的能量。然而，安装在集装箱中的其他部件可能也需要温度控制（逆变器、计算机化的控制等），因此不能完全忽略集装箱温度。因此简单地遮蔽集装箱可能就足够了，于是我们会选择使用直接电池冷却系统，并将设备安装在阴凉处。

4. 老化分析

现在继续分析系统的长期性能。将模拟的持续时间延长到 10 年，并激活 BLAST-BTM 中的生命模型[4]。该模型计算每天运行结束时电池内阻和容量的变化，同时考虑电流、电压、SOC 和温度历史数据。随着电池老化，将导致可用于降低峰值负荷的能量减少，因此电费节省量可能会下降。内阻增大也会增加系统的产热量，并可能提升最高温度值。有三个关键因素可以调节来影响这些行为（见表 7.5）。

表 7.5　调节退化的关键因素

控制参数	
最大 SOC	减小最大 SOC 可以延缓电池退化，但也降低了削峰可用的能量
目标 SOC	提高目标 SOC 将减少电池年吞吐量、最大 DOD 和削峰可用能量，并且增加了不良负荷预测的裕度
热参数	
冷却温度调节器	降低冷却系统启动时的温度将降低电池温度，从而降低电池性能，但会增加辅助负载

7.8.3　基线

从一个基线方案开始，采用上限为 100 %、下限为 20 % 的 SOC 范围以及在 30℃ 及以上温度下运行的冷却系统。如图 7.30 所示，该系统运行 10 年后，内阻增长约 17 %，容量损失约 22 %。请注意，老化速率对环境温度很敏感，因为夏季的老化速率比冬季高。

每年的节省量上下浮动，但没有很明显的趋势（见图 7.31）。回想一下，预测节省量会逐年下降，缺乏明显的下降趋势意味着应用的随机预测误差的影响超过了这个场景下老化的经济影响。

图 7.32 和图 7.33 中的温度数据显示，平均温度逐年保持不变。这是因为平均温度是与环境条件强关联的函数，而不是操作条件的函数。另一方面，最高温度与电池的运行方式密切相关，这与在炎热的夏季午后出现的高倍率、深度 DOD 放电情况相吻合。虽然确实看到随着电池内阻的增加，温度逐年上升的趋势，但随机预测误差也会影响这个参数。

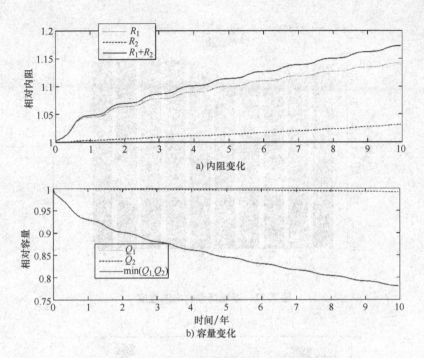

a) 内阻变化

b) 容量变化

图 7.30 基线场景下内阻增长和容量衰减情况

（R_1 和 R_2 分别代表日历效应和循环效应引起的内阻增长，

Q_1 和 Q_2 分别表示日历和循环效应导致的容量衰减）

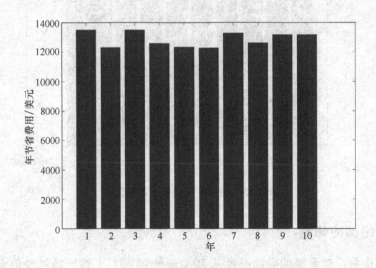

图 7.31 基线场景的年节省量

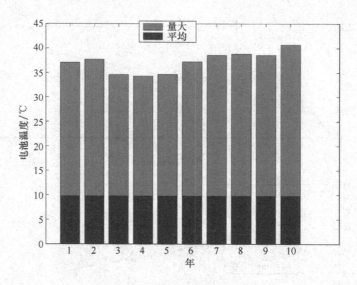

图 7. 32 基线场景的电池温度

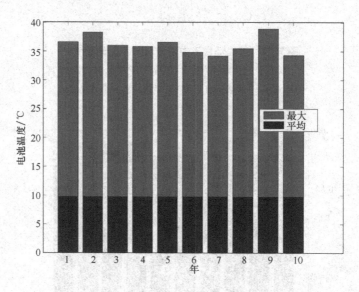

图 7. 33 增加冷却场景的电池温度

7. 8. 4 增加冷却量

本节中将冷却系统的启动温度从 30℃ 降低到 20℃ ，看到虽然峰值温度在寿命后期略有降低（见图 7. 33），但对容量衰减和内阻增长的影响可以忽略不计。这一分析表明，对于假设的化学成分，增加电池冷却量，如果增加到超过将峰值温度调整到操作上可接受的值的所需量，可能不会显著提高电池的使用寿命。尽管能量成本会随着采用更强大的冷却系统而有所增加，但最终平均节省量的变化在随机预测误差效应的噪声范围内。

7.8.5　降低目标 SOC

这里，将削峰算法的目标 SOC 从 20% 降低到 10%。这显著增加了可用于削峰的能量，可能产生更多的节省量。然而，这也降低了与不良负荷预测相关的误差容限，并可能以增加最高温度和老化的方式影响循环工况。该模拟的结果再次表明，对热响应和磨损的影响可以忽略不计。此外，从年度节省量（图 7.34）可以看出，目标 SOC 的下降对总价值只有很小的影响，同样对我们随机预测误差引起的变化幅度影响也很小。

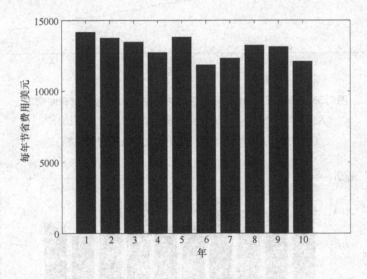

图 7.34　降低目标 SOC 场景的年节省量

7.8.6　降低最高 SOC

最后，把电池充电的最高 SOC 从 100% 降低到 90%。直接降低了用于调峰的能量，可能导致节省量减少但也会降低老化速率。如图 7.35 所示，该策略在电池老化方面实现了预期：内阻变化从 +17% 降至 +12%，容量变化从 −22% 降至 −17%。这是因为在满充电状态下电池花费大量时间等待不频繁的放电命令。降低最大 SOC 直接减少了在这些时间内引起的磨损，但是年节省量似乎也有所减少（见图 7.36）。

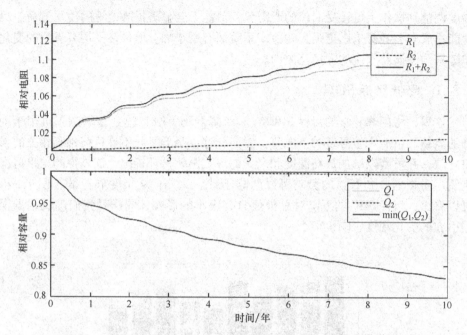

图 7.35 降低最高 SOC 场景下的内阻增长和电池容量衰减情况
(R_1 和 R_2 分别代表日历效应和循环效应引起的内阻增长,
Q_1 和 Q_2 分别表示日历和循环效应导致的容量衰减)

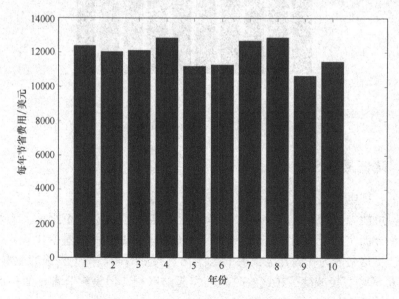

图 7.36 降低最高 SOC 场景下的年节省量

7.9 系统规范

上述系统层面的长时间尺度分析已开始量化大型储能系统在用户侧需量电费管理方面的可能交易场景。已经确定了在分配预算内提供最佳年度节省量的能量和功率水平。还确定了需要一个主动的直接电池冷却系统将最高温度限制在可接受的水平。在老化方面，在高 SOC 下的日历退化是电池磨损的主要因素，因为电池在满充电状态下花费大量时间。降低最高允许 SOC 可以在电池老化方面提供增益，但更积极地使用冷却系统却没有帮助。

可惜的是，校园负荷预测中的不确定性对系统经济性的影响比这些因素中的多数都要大。强烈建议在每种条件下运行大量仿真并对结果进行统计分析，以处理这些影响。另外除了这些额外的分析，预测误差因素使我们在设定目标 SOC 时保持保守。

表 7.6 总结了已确认的系统架构。需要注意的是，将 72.5kWh 指定为可用能量，因为多次的仿真预测将利用所有这些能量。同样重要的是，也要将 SOC 作为可用能量的参考，因为这与控制假设和采用的方法一致。

表 7.6　系统架构

电	
总可用能量	72.5kWh
总功率	145kW
控制	
最大 SOC	100%
目标 SOC	20%
热管理	
架构	带有直接有源电池冷却的遮盖的集装箱
最大散热量	5，000W
有效温度范围	≥30℃

为了继续进行更详细的开发，例如单体、模块、热管理系统等的设计，现在必须定义更简洁的最坏情况场景和运行工况。

对仿真结果的检验可以揭示这种最坏情况的功率需求和热环境。例如，集装箱温度仿真显示，箱体温度可以在 −20 ～ +50℃ 之间变化。电气运行工况变化很大，但偶尔会出现最大功率和完全放电运行。鉴于这些结果，表 7.7 定义了一个合理的协议，用于硬件开发的仿真和测试。

表 7.7 后续开发行为的电池、单体和模块最坏情况协议

步骤	描　述	目　的
1	置于 50℃ 环境中 1 天，电池冷却系统在 100% 荷电状态下处于非活动状态	验证电池可以承受最高的集装箱温度
2	置于 50℃ 环境中 1 天，电池冷却系统在 100% 荷电状态下启动	验证冷却系统将电池温度降至 30℃ 并保持不动的能力
3	以恒定功率 30 分钟的速率将电池放电至 0% SOC，然后在 50℃ 的环境下，在电池冷却系统启动的情况下以满功率将电池充电至 100% SOC	具备在不超过最高温度的情况下提供额定功率和能量的能力
4	置于 −20℃ 环境、100% SOC 状态下 1 天	验证电池可以承受最低的集装箱温度
5	以恒定功率 30 分钟的速率将电池放电至 0% SOC，然后在 −20℃ 的环境下，以相同速率将电池充电至 100% SOC	具备在最低环境温度下提供额定功率和能量的能力

参 考 文 献

[1]　National Transportation Safety Board, Hazardous Materials Accident Brief, Report NTSB/ HZB-05/01, September 26, 2005.

[2]　Kim, G. -H., K. Smith, J. Ireland, A. Pesaran, and J. Neubauer, "Fail-Safe Designs for Large Capacity Battery Systems," U.S. Patent Application, Number 13/628,208, September 27, 2012.

[3]　Neubauer, J., and E. Wood, "Accounting for the Variation of Driver Aggression in the Simulation of Conventional and Advanced Vehicles," SAE World Congress, Detroit, MI, April 16–18, 2013.

[4]　Smith, K., T. Markel, G.-H. Kim, and A. Pesaran, "Design of electric drive vehicle batteries for long life and low cost," IEEE Accelerated Stress Testing and Reliability Workshop, October 6–8, 2010, Denver, CO.

[5]　Smith, K., E. Wood, S. Santhanagopalan, G. -H. Kim, and A. Pesaran, "Advanced Models and Controls for Prediction and Extension of Battery Lifetime," Large Lithium Ion Battery Technology & Application Symposia, Advanced Automotive Battery Conference, February 4, 2014, Atlanta, GA.

[6]　Andrea, D., *Battery Management Systems for Large Lithium Ion Battery Packs*, Norwood, MA: Artech House, 2010.

[7]　Baumhöfer, T., M. Brühl, S. Rothgang, and D. U. Sauer, "Production Caused Variation in Capacity Aging Trend and Correlation to Initial Cell Performance," *J. Power Sources*, Vol. 247, 2014, pp. 332–338.

[8]　Verbrugge, M., and B. Koch, "Generalized Recursive Algorithm for Adaptive Multiparameter Regression. Application to Lead Acid, Nickel Metal Hydride, and Lithium-Ion Batteries," *J. Electrochem. Soc.*, Vol. 153, No. 1, 2006, pp. A187–A201.

[9]　Plett, G. L., "Extended Kalman Filtering for Battery Management Systems of LiPB-Based HEV Battery Packs: Part 3. State and Parameter Estimation," *J. Power Sources*, Vol. 134, No. 2, 2004, pp. 277–292.

[10] Smith, K., C. D. Rahn, and C. Y. Wang, "Control oriented 1D Electrochemical Model Of Lithium Ion Battery," Energy Conversion and Management, Vol. 48, No. 9, 2007, pp. 2565–2578.

[11] Smith, K., "Electrochemical Control of Li-ion Batteries," *IEEE Control Syst. Mag.* Vol. 30, No. 2, April 2010, pp. 18–25.

[12] Moura, S. J., N. A. Chaturvedi, and M. Krsti, "Adaptive Partial Differential Equation Observer for Battery State-of-Charge/State-of-Health Estimation via an Electrochemical Model," *J. Dyn. Sys. Meas. Control,* Vol. 136, No. 1, 2013, 011015.

[13] Northrop, P. W. C., B. Suthar, V. Ramadesigan, S. Santhanagopalan, R. D. Braatz, and V. R. Subramanian, "Efficient Simulation and Reformulation of Lithium-Ion Battery Models for Enabling Electric Transportation," *J. Electrochem. Soc.* Vol. 161, No. 8, 2014, pp. E3149–E3157.

[14] Santhanagopalan, S., and R. E. White, "State of Charge Estimation using an Unscented Filter for High Power Lithium Ion Cells," *Int. J. Energ. Res.* Vol. 34, No. 2, 2010, pp. 152–163.

[15] Clarus Concept of Operations, Publication No. FHWA-JPO-05-072, Federal Highway Administration (FHWA), 2005, http://ntl.bts.gov/lib/jpodocs/repts_te/14158.htm.

[16] Wikipedia article, "ISO 26262," http://en.wikipedia.org/wiki/ISO_26262, accessed July 21, 2014, and International Standards Organization, "ISO 26262-1:2011 Road Vehicles—Functional Safety," http://www.iso.org/iso/catalogue_detail?csnumber=43464.

[17] Doughty, D. H., and C. C. Crafts, "FreedomCAR Electrical Energy Storage System Abuse Test Manual for Electric and Hybrid Electric Vehicle Application," Sandia National Laboratory, SAND 2005-3123, 2005.

[18] Broussely, M., "Aging of Li-Ion Batteries and Life Prediction, an Update," 3rd International Symposium on Large Lithium-Ion Battery Technology and Application, Long Beach, CA, May 2007.

[19] Hall, J., T. Lin, G. Brown, P. Biensan, and F. Bonhomme, "Decay Processes and Life Predictions for Lithium Ion Satellite Cells," 4th International Energy Conversion Engineering Conf., San Diego, CA, June 2006.

[20] Smith, K., M. Earleywine, E. Wood, J. Neubauer, and A. Pesaran, "Comparison of Plug-In Hybrid Electric Vehicle Battery Life Across Geographies and Drive Cycles," SAE Technical Paper 2012-01-0666, 2012.

[21] Wood, E., J. Neubauer, A.D. Brooker, J. Gonder, and K. Smith, "Variability of Battery Wear in Light Duty Plug-In Electric Vehicles Subject to Ambient Temperature, Battery Size, and Consumer Usage," International Battery, Hybrid and Fuel Cell Electric Vehicle Symposium 26 (EVS 26), Los Angeles, CA, May 6–9, 2012.

[22] Smart, M., K. Chin, K., L. Whitcanack, and B. Ratnakumar, "Storage Characteristics of Li-Ion Batteries," NASA Battery Workshop, Huntsville, AL, November 2006.

[23] Belt, J. R., "Long Term Combined Cycle and Calendar Life Testing," 214th Meeting of the Electrochemical Society, INL/CON-08-14920, October 13–16, 2008.

[24] Gaillac, L. A., "Accelerated Testing of Advanced Battery Technologies in PHEV Applications," International Battery, Hybrid and Fuel Cell Electric Vehicle Symposium 23 (EVS 23), Los Angeles, CA, December 2–5, 2007.

[25] http://www.nrel.gov/about/overview.html, accessed June 30, 2014.

[26] http://www.nrel.gov/sustainable_nrel/sustainable_buildings.html, accessed July 24, 2014.

[27] http://www.xcelenergy.com/staticfiles/xe/Regulatory/Regulatory%20PDFs/rates/CO/psco_elec_entire_tariff.pdf , accessed October 1, 2013.

[28]   http://rredc.nrel.gov/solar/old_data/nsrdb/1991-2005/tmy3/, accessed July 10, 2014.

[29]   Jayaraman, S., G. Anderson, S. Kauschik, and P. Klaus, "Modeling of Battery Pack Thermal System for a Plug-in Hybrid Electric Vehicle," SAE Technical Paper 2011-01-0666, http://dx.doi.org/10.4271/2011-01-0666, 2011.

[30]   Buford, K., J. Williams, and M. Simonini, "Determining Most Energy Efficient Cooling Control Strategy of a Rechargeable Energy Storage System," SAE Technical Paper 2011-01-0893, http://dx.doi.org/10.4271/2011-01-0893, 2011.

[31]   Franklin, G. F., J. D. Powell, and A. Emami-Naeini, *Feedback Control of Dynamic Systems*, Addison-Wesley: Reading, MA, 1994.

[32]   Mohammadpour, J., and C. W. Sahere, *Control of Linear Parameter Varying Systems with Applications*, London: Springer, 2012.

第 8 章

结　论

从业余爱好者的伏打电池到整个社区的储能系统，电池已经走过了漫长的道路。工业上使用的处理和分析工具也是如此。设计师可用的计算能力增加了几个数量级，使得整个电池组的虚拟设计成为可能。基于计算机的电池设计的理论基础已经足够成熟，软件工具已经从学术软件发展到行业标准。如今，电池制造商可以根据新兴的化学成分，对不同形式的电池进行虚拟设计。传统上通过大量设计实验进行的优化现在由一系列基于计算机的案例研究进行，传统上在化工厂进行的电池组装现在已经在洁净室和机器人组装线上实现了自动化。技术经济评估反而采用复杂的模型和工具，让用户能够根据电池的实际物理特性做出投资决策。最重要的是，电池界已经从传统的材料化学家和固态物理学家群体发展到涵盖从环境爱好者到工业工程师的各种学科，这导致了电池设计模式的转变，从制造消费电子产品电池的传统理念转向组装大型电池组。如第 4 ~ 7 章所述，不同群体的贡献使得需要数兆瓦时储能电池应用场景的技术成熟度和部署得以加快。

例如，手机等单电池应用中采用的简单热管理方案在几 kWh 大小的电池组中不再有效。事实上，到目前为止，对大型电池的热管理指导很少。本书中概述的量热研究是多年来建立的，对不同的电池组设计进行评估，并被证明是不同负载条件下电池性能的有效指标。有待实施的是电池和电池组的设计，以最大限度地利用特定的应用场景，从而实现热量的有效分配。例如根据电池对环境温度的反应，对冷却液流量进行合理地调整，目前市场上正在推出自适应散热装置。此类实施可以建立在第 3 章概述的电池热评估的基础上。

正如第 5 章所讲，用于保护小电池的断路器和熔丝的线性延伸并不总是确保车辆电池组中大尺寸电池隔离的可靠手段。即使使用相同的电池，对电池安全性的影响也因应用场景不同而大不相同。在涉及高能量和高功率需求的应用中，单电池级的安全性如何转化为电池组的安全性的问题经常被提出。大尺寸电池的安全运行范围是根据不同组织采用的不同指标集来设定的，需要对这些限值和一套统一的测试条件有一个正确的理解，以满足各种情况下的安全评估，这一点尚待开发。在某种程度上，这种差距是由于技术的快速发展而产生的。如前所述，参与电池制造和应用的不同团队对潜在因素的理解将大大有助于应对这一挑战。

当今市场上用于电池管理的车载电子设备足够强大，相信本书中讲的工具将有助于控制工程师和热管理设计人员利用对离线分析的深刻理解，为电池组设计更可靠的燃料量规和电池寿命评估。基于物理状态估计器的智能电网设计与第4章中所讲的算法并非遥不可及，这些工具不仅能够更有效地利用现有电池组，还可以根据这些例行程序优化一周中某一天或一天中某一时间负载需求的规划和分配。大尺寸锂离子电池近期在这些场景中的应用，相关的现场数据仍然很少。然而，随着车辆和电网级规模应用的成熟，读者将对类似于第7章中概述的详细案例分析的实用性产生更大的信心。

事实上，这本书的每一位严谨读者的首要任务就是利用这本书中所讲的工具来解决与其当前工作相关的设计问题。这将为这些方法的应用提供足够的信心，并有助于了解电池技术的多方面的性质。

图书在版编目（CIP）数据

大规模锂电池储能系统设计分析/（美）施莱姆·桑塔那戈帕兰等著；李建林等译.—北京：机械工业出版社，2020.10（2023.1 重印）
（储能科学与技术丛书）
书名原文：Design and Analysis of Large Lithium-Ion Battery Systems
ISBN 978-7-111-66665-3

Ⅰ．①大…　Ⅱ．①施…②李…　Ⅲ．①锂电池 – 储能 – 系统设计
Ⅳ．①TM911

中国版本图书馆 CIP 数据核字（2020）第 184008 号

机械工业出版社（北京市百万庄大街22号　邮政编码100037）
策划编辑：付承桂　责任编辑：付承桂　李小平
责任校对：梁　静　封面设计：鞠　杨
责任印制：郜　敏
北京富资园科技发展有限公司印刷
2023 年 1 月第 1 版第 3 次印刷
169mm×239mm·13 印张·250 千字
标准书号：ISBN 978-7-111-66665-3
定价：89.00 元

电话服务　　　　　　网络服务
客服电话：010-88361066　机　工　官　网：www.cmpbook.com
　　　　　010-88379833　机　工　官　博：weibo.com/cmp1952
　　　　　010-68326294　金　书　网：www.golden-book.com
封底无防伪标均为盗版　机工教育服务网：www.cmpedu.com

相关图书推荐

书号：978-7-111-64218-3
定价：79 元

书号：978-7-111-60579-9
定价：89 元

书号：978-7-111-59622-6
定价：79 元

书号：978-7-111-59621-9
定价：79 元

书号：978-7-111-59903-6
定价：99 元

书号：978-7-111-60830-1
定价：69 元

如果您想写作、翻译，或者推荐优秀外版图书，都请随时联系我。

策划部主任：付承桂

邮箱：fuchenggui2018@163.com

QQ：24011025

电话：010-88379768